黄河三角洲地区常见海洋生物图集

张汉珍　主编

海洋出版社

2018年·北京

图书在版编目（CIP）数据

黄河三角洲地区常见海洋生物图集/张汉珍主编.
— 北京：海洋出版社，2018.5
ISBN 978-7-5210-0113-6

Ⅰ.①黄… Ⅱ.①张… Ⅲ.①黄河－三角洲－海洋生
物－图集 Ⅳ.①Q178.53-64

中国版本图书馆CIP数据核字(2018)第107910号

责任编辑：杨传霞　赵　娟
责任印制：赵麟苏

海洋出版社 出版发行
http://www.oceanpress.com.cn
北京市海淀区大慧寺路 8 号　　邮编：100081
北京朝阳印刷厂有限责任公司印刷　　新华书店北京发行所经销
2018年5月第1版　　2018年5月第1次印刷
开本：889mm×1194mm　　1／16　　印张：13.25
字数：320千字　　定价：98.00元
发行部：010-62132549　　邮购部：010-68038093　　总编室：010-62114335
海洋版图书印、装错误可随时退换

《黄河三角洲地区常见海洋生物图集》
编委会

主　　编：张汉珍

副 主 编：李广经　刘　菁　宋秀凯　高继庆

编委会成员：

　　　　　姜　磊　周荣光　王万冠　黄盼盼　王佳佳

　　　　　许海龙　程　玲　何健龙　付　萍

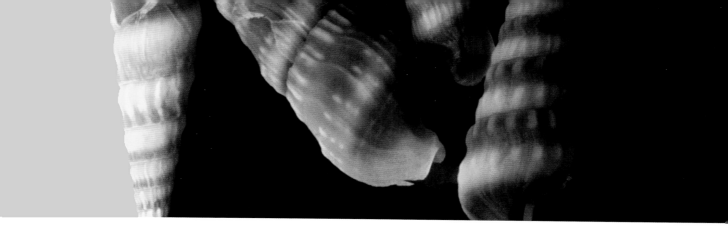

前　言

　　海洋孕育生命，是人类繁衍生息的基础保障。黄河三角洲地区拥有 810 千米海岸线，18 万公顷盐碱地，近 10 万公顷荒草地，约 14 万公顷滩涂，另有约 100 万公顷浅海面积。该地区拥有全球重要的滨海湿地和河口 - 海洋生态系统，生物多样性和海洋资源丰富，发展海洋经济和现代渔业的优势得天独厚。

　　党的十八大把生态文明建设纳入中国特色社会主义事业"五位一体"总体布局中，并把"美丽中国"作为生态文明建设的宏伟目标。在以习近平新时代中国特色社会主义思想的指引下，全国上下深入贯彻落实党的十九大、十九届二中、三中全会精神，大力推进海洋生态文明建设，维护海洋健康，实现海洋事业的科学发展。与此同时，黄河三角洲地区海洋资源开发能力与海洋经济发展水平不断提高，海洋生态环境保护与海洋生态文明建设加快推进。

　　为全面、系统地了解黄河三角洲地区海洋生物种类，东营市海洋与渔业环境监测中心组织编写了《黄河三角洲地区常见海洋生物图集》，该图集共调查和拍摄黄河三角洲地区常见物种 379 种，其中常见耐盐碱植物 34 种、常见海洋浮游生物 119 种、常见底栖生物 120 种和常见游泳动物 106 种，重点介绍了各常见生物的分类学地位、典型特征和地理分布。

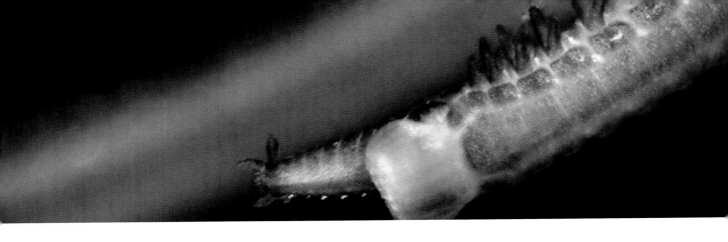

　　本图集的编写和出版得到了山东省渤海海洋生态修复和能力建设项目（山东省渤海海洋保护区生物多样性数据库构建及生物保护方案制定）的资助，在此表示衷心的感谢。

　　由于编制水平和时间等条件的限制，本图集难免存在缺点和错误，诚恳地希望专家和读者给予批评指正。

编者

2018 年 3 月

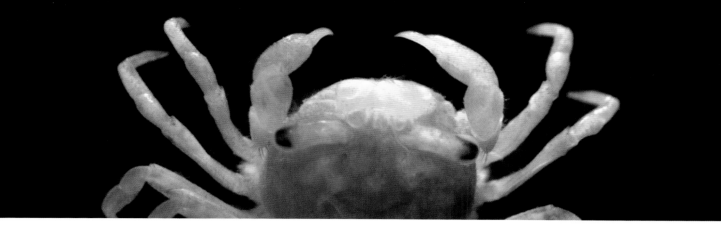

目　录

第一部分
常见耐盐碱植物
Saline-alkali tolerant plant

  黄河三角洲具有丰富的滨海盐渍土资源，这里生活着大量的耐盐碱植物，主要分为聚盐性植物、泌盐性植物和不透盐性植物三大类。其中，聚盐性植物能够从土壤里吸收盐，并把这些盐聚集在体内不受伤害，从而可以在盐分高的土壤中生长；泌盐性植物能够通过茎和叶表面的分泌腺，把吸收的盐分排出体外，从而提高了从盐水中吸收水分的能力；不透盐性植物的根细胞对盐分的透过性非常小，几乎或很少吸收土壤中的盐分。

  该部分共收录黄河三角洲地区常见耐盐碱植物 34 种，隶属于 1 门 3 纲 13 目 17 科 26 属。

滨藜 *Atriplex patens*

中文种名：滨藜

拉丁种名：*Atriplex patens*

分类地位：被子植物门／木兰纲／石竹目／藜科／滨藜属

识别特征：一年生草本，高 20 ～ 60 厘米。茎直立或外倾，无粉或稍有粉，具绿色色条及条棱，通常上部分枝；枝细瘦，斜上。叶互生，或在茎基部近对生；叶片披针形至条形，长 3 ～ 9 厘米，宽 4 ～ 10 毫米，先端渐尖或微钝，基部渐狭，两面均为绿色，无粉或稍有粉，边缘具不规则的弯锯齿或微锯齿，有时几全缘。花序穗状，或有短分枝，通常紧密，于茎上部再集成穗状圆锥状；花序轴有密粉；雄花花被 4 ～ 5 裂，雄蕊与花被裂片同数；雌花的苞片果时呈菱形至卵状菱形，长约 3 毫米，宽约 2.5 毫米，先端急尖或短渐尖，下半部边缘合生，上半部边缘通常具细锯齿，表面有粉，有时靠上部具疣状小凸起。种子二型，扁平，圆形，或双凸镜形，黑色或红褐色，有细点纹，直径 1 ～ 2 毫米。花果期 8—10 月。

分　　布：分布于我国黑龙江、辽宁、吉林、河北、内蒙古、陕西、甘肃、宁夏、青海至新疆。多生长于含轻度盐碱的湿草地、海滨、沙土地等处。

照片来源：黄河三角洲地区

中亚滨藜 *Atriplex centralasiatica*

中文种名：中亚滨藜

拉丁种名：*Atriplex centralasiatica*

分类地位：被子植物门／木兰纲／石竹目／藜科／滨藜属

识别特征：一年生草本，高 15 ～ 30 厘米。茎通常自基部分枝；枝钝四棱形，黄绿色，无色条，有粉或下部近无粉。叶有短柄，枝上部的叶近无柄；叶片呈卵状三角形至菱状卵形，长 2 ～ 3 厘米，宽 1 ～ 2.5 厘米，边缘具疏锯齿，近基部的 1 对锯齿较大且呈裂片状，或仅有 1 对浅裂片而其余部分全缘，先端微钝，基部圆形至宽楔形，上面灰绿色，无粉或稍有粉，下面灰白色，有密粉。花集成腋生团伞花序；雄花花被 5 深裂，裂片宽卵形，雄蕊 5，花丝扁平，基部连合；雌花的苞片近半圆形至平面钟形，边缘近基部以下合生，果时长 6 ～ 8 毫米，宽 7 ～ 10 毫米，近基部的中心部臌胀并木质化，表面具多数疣状或肉棘状附属物，缘部草质或硬化，边缘具不等大的三角形牙齿。胞果扁平，呈宽卵形或圆形，果皮膜质，白色，与种子贴伏。花期 7—8 月，果期 8—9 月。

分　　布：分布于我国吉林、辽宁、内蒙古、河北、山西、陕西、宁夏、甘肃、青海、新疆至西藏。生长于戈壁、荒地、海滨及盐土荒漠，有时也侵入田间。

照片来源：黄河三角洲地区

灰绿藜　*Chenopodium glaucum*

中文种名：灰绿藜

拉丁种名：*Chenopodium glaucum*

分类地位：被子植物门 / 木兰纲 / 石竹目 / 藜科 / 藜属

识别特征：一年生草本，高 20～40 厘米。茎平卧或外倾，具条棱及绿色或紫红色色条。叶片矩圆状卵形至披针形，长 2～4 厘米，宽 6～20 毫米，肥厚，先端急尖或钝，基部渐狭，边缘具缺刻状小齿，上面无粉，平滑，下面有粉而呈灰白色，有时稍带紫红色；中脉明显，黄绿色；叶柄长 5～10 毫米。花两性兼有雌性，通常数花聚成团伞花序，再于分枝上排列成有间断而通常短于叶的穗状或圆锥状花序；花被裂片 3～4，浅绿色，稍肥厚，通常无粉，狭矩圆形或倒卵状披针形，长不及 1 毫米，先端通常钝；雄蕊 1～2，花丝不伸出花被，花药球形；柱头 2，极短。胞果顶端露出于花被外，果皮膜质，黄白色。种子扁球形，直径 0.75 毫米，横生、斜生及直立，暗褐色或红褐色，边缘钝，表面有细点纹。花果期 5—10 月。

分　　布：我国除台湾、福建、江西、广东、广西、贵州、云南外，其他各地都有分布。生长于农田、菜园、村旁、水边等有轻度盐碱的土壤上。

照片来源：黄河三角洲地区

东亚市藜　*Chenopodium urbicum* subsp. *sinicum*

中文种名：东亚市藜

拉丁种名：*Chenopodium urbicum* subsp. *sinicum*

分类地位：被子植物门 / 木兰纲 / 石竹目 / 藜科 / 藜属

识别特征：一年生草本，高 20～100 厘米，全株无粉，幼叶及花序轴有时稍有绵毛。茎直立，较粗壮，有条棱及色条，分枝或不分枝。叶菱形至菱状卵形，茎下部叶的叶片长达 15 厘米，近基部的 1 对锯齿较大呈裂片状。叶柄长 2～4 厘米。花两性兼有雄蕊不发育的雌花，花序以顶生穗状圆锥花序为主；花簇由多数花密集而成；花被裂片 3～5，狭倒卵形，花被基部狭细呈柄状；花药矩圆形，花丝稍短于花被。胞果双凸镜形，果皮黑褐色。种子横生、斜生及直立，直径 0.5～0.7 毫米，边缘锐，表面点纹清晰。花果期 7—10 月。

分　　布：分布于我国黑龙江、吉林、辽宁、河北、山东、江苏北部、山西、内蒙古、陕西北部、新疆准噶尔。生长于荒地、盐碱地、田边等处。

照片来源：黄河三角洲地区

碱 蓬 *Suaeda glauca*

中文种名：碱蓬

拉丁种名：*Suaeda glauca*

分类地位：被子植物门 / 木兰纲 / 石竹目 / 藜科 / 碱蓬属

识别特征：一年生草本，高可达1米。茎直立，粗壮，圆柱状，浅绿色，有条棱，上部多分枝；枝细长，上升或斜伸。叶丝状条形，半圆柱状，通常长1.5～5厘米，宽约1.5毫米，灰绿色，光滑无毛，稍向上弯曲，先端微尖，基部稍收缩。花两性兼有雌性，单生或2～5朵团集，大多着生于叶的近基部处；两性花花被杯状，长1～1.5毫米，黄绿色；雌花花被近球形，直径约0.7毫米，较肥厚，灰绿色；花被裂片卵状三角形，先端钝，果时增厚，使花被略呈五角星状，干后变黑色；雄蕊5，花药宽卵形至矩圆形，长约0.9毫米；柱头2，黑褐色，稍外弯。胞果包在花被内，果皮膜质。种子横生或斜生，双凸镜形，黑色，直径约2毫米，周边钝或锐，表面具清晰的颗粒状点纹，稍有光泽；胚乳很少。花果期7—9月。

分 布：分布于我国黑龙江、内蒙古、河北、山东、江苏、浙江、河南、山西、陕西、宁夏、甘肃、青海、新疆南部。生长于海滨、荒地、渠岸、田边等含盐碱的土壤。

照片来源：黄河三角洲地区

盐地碱蓬 *Suaeda salsa*

中文种名：盐地碱蓬

拉丁种名：*Suaeda salsa*

分类地位：被子植物门 / 木兰纲 / 石竹目 / 藜科 / 碱蓬属

识别特征：一年生草本，高20～80厘米，绿色或紫红色。茎直立，圆柱状，黄褐色，有微条棱，无毛；分枝多集中于茎的上部，细瘦，开散或斜升。叶条形，半圆柱状，通常长1～2.5厘米，宽1～2毫米，先端尖或微钝，无柄，枝上部的叶较短。团伞花序通常含花3～5朵，腋生，在分枝上排列成有间断的穗状花序；小苞片卵形，几乎全缘；花两性，有时兼有雌性；花被半球形，底面平；裂片卵形，稍肉质，具膜质边缘，先端钝，果时背面稍增厚，有时并在基部延伸出三角形或狭翅状凸出物；花药卵形或矩圆形，长0.3～0.4毫米；柱头2，有乳头，通常带黑褐色，花柱不明显。胞果包于花被内；果皮膜质，果实成熟后常常破裂而露出种子。种子横生，双凸镜形或歪卵形，直径0.8～1.5毫米，黑色，有光泽，周边钝，表面具不清晰的网点纹。花果期7—10月。

分 布：分布于我国东北、内蒙古、河北、山西、陕西、宁夏、甘肃北部及西部、青海、新疆及山东、江苏、浙江的沿海地区。生长于盐碱土，在海滩及湖边常形成单种群落。

照片来源：黄河三角洲地区

刺沙蓬 *Salsola ruthenica*

中文种名：刺沙蓬
拉丁种名：*Salsola ruthenica*
分类地位：被子植物门 / 木兰纲 / 石竹目 / 藜科 / 猪毛菜属
识别特征：一年生草本，高30～100厘米；茎直立，自基部分枝，茎、枝生短硬毛或近于无毛，有白色或紫红色条纹。叶片半圆柱形或圆柱形，无毛或有短硬毛，长1.5～4厘米，宽1～1.5毫米，顶端有刺状尖，基部扩展，扩展处的边缘为膜质。花序穗状，生于枝条的上部；苞片长卵形，顶端有刺状尖，基部边缘膜质，比小苞片长；小苞片卵形，顶端有刺状尖；花被片长卵形，膜质，无毛，背面有1条脉；花被片果时变硬，自背面中部生翅；翅3个较大，肾形或倒卵形，膜质，无色或淡紫红色，有数条粗壮而稀疏的脉，2个较狭窄，花被果时（包括翅）直径7～10毫米；花被片在翅以上部分近革质，顶端为薄膜质，向中央聚集，包覆果实；柱头丝状，长为花柱的3～4倍。种子横生，直径约2毫米。花期8—9月，果期9—10月。
分　　布：分布于我国东北、华北、西北、西藏、山东及江苏。生长于河谷沙地、砾质戈壁、海边。
照片来源：黄河三角洲地区

无翅猪毛菜 *Salsola komarovii*

中文种名：无翅猪毛菜
拉丁种名：*Salsola komarovii*
分类地位：被子植物门 / 木兰纲 / 石竹目 / 藜科 / 猪毛菜属
识别特征：一年生草本，高20～50厘米；茎直立，自基部分枝；枝互生，伸展，茎、枝无毛，黄绿色，有白色或紫红色条纹。叶互生，叶片半圆柱形，平展或微向上斜伸，长2～5厘米，宽2～3毫米，顶端有小短尖，基部扩展，稍下延，扩展处边缘为膜质。花序穗状，生枝条的上部；苞片条形，顶端有小短尖，长于小苞片；小苞片长卵形，顶端有小短尖，基部边缘膜质，长于花被，果时苞片和小苞片增厚，紧贴花被；花被片卵状矩圆形，膜质，无毛，顶端尖，果时变硬，革质，自背面的中上部生篦齿状凸起；花被片在凸起以上部分，内折成截形的面，顶端为膜质，聚集成短的圆锥体，花被的外形呈杯状；柱头丝状，长为花柱的3～4倍；花柱极短。胞果呈倒卵形，直径2～2.5毫米。花期7—8月，果期8—9月。

分　　布：分布于我国东北、河北、山东、江苏及浙江北部。生长于海滨、河滩砂质土壤。
照片来源：黄河三角洲地区

莲子草 *Alternanthera sessilis*

中文种名：莲子草

拉丁种名：*Alternanthera sessilis*

分类地位：被子植物门 / 木兰纲 / 石竹目 / 苋科 / 莲子草属

识别特征：多年生草本，高 10 ～ 45 厘米；茎上升或匍匐，绿色或稍带紫色，有条纹及纵沟，沟内有柔毛，在节处有一行横生柔毛。叶片条状披针形、矩圆形、倒卵形、卵状矩圆形，长 1 ～ 8 厘米，宽 2 ～ 20 毫米，顶端急尖、圆形或圆钝，基部渐狭，全缘或有不明显锯齿，两面无毛或疏生柔毛；叶柄长 1 ～ 4 毫米，无毛或有柔毛。头状花序 1 ～ 4 个，腋生，无总花梗，初为球形，后渐成圆柱形；花密生，花轴密生白色柔毛；苞片及小苞片白色，顶端短渐尖，无毛；苞片呈卵状披针形，小苞片钻形，长 1 ～ 1.5 毫米；花被片卵形，长 2 ～ 3 毫米，白色，顶端渐尖或急尖，无毛，具 1 条脉；雄蕊 3，花丝基部连合成杯状，花药矩圆形；退化雄蕊三角状钻形，比雄蕊短，顶端渐尖，全缘；花柱极短，柱头短裂。胞果呈倒心形，侧扁，翅状，深棕色，包在宿存花被片内。种子卵球形。花期 5—7 月，果期 7—9 月。

分　　布：分布于我国安徽、江苏、浙江、江西、湖南、湖北、四川、云南、贵州、福建、台湾、广东、广西。生长在村庄附近的草坡、水沟、田边或沼泽、海边潮湿处。

照片来源：黄河三角洲地区

西伯利亚蓼 *Polygonum sibiricum*

中文种名：西伯利亚蓼

拉丁种名：*Polygonum sibiricum*

分类地位：被子植物门 / 木兰纲 / 蓼目 / 蓼科 / 蓼属

识别特征：多年生草本，高 10 ～ 25 厘米。根状茎细长。茎外倾或近直立，自基部分枝，无毛。叶片长椭圆形或披针形，无毛，长 5 ～ 13 厘米，宽 0.5 ～ 1.5 厘米，顶端急尖或钝，基部戟形或楔形，边缘全缘，叶柄长 8 ～ 15 毫米；托叶鞘筒状，膜质，上部偏斜，开裂，无毛，易破裂。花序圆锥状，顶生，花排列稀疏，通常间断；苞片漏斗状，无毛，通常每 1 苞片内具花 4 ～ 6 朵；花梗短，中上部具关节；花被 5 深裂，黄绿色，花被片长圆形，长约 3 毫米；雄蕊 7 ～ 8，稍短于花被，花丝基部较宽，花柱 3，较短，柱头头状。瘦果卵形，具 3 棱，黑色，有光泽，包于宿存的花被内或凸出。花果期 6—9 月。

分　　布：产于我国黑龙江、吉林、辽宁、内蒙古、河北、山西、山东、河南、陕西、甘肃、宁夏、青海、新疆、安徽、湖北、江苏、四川、贵州、云南和西藏。生长于海拔 30 ～ 5 100 米的路边、湖边、河滩、山谷湿地、沙质盐碱地。

照片来源：黄河三角洲地区

补血草 *Limonium sinense*

中文种名：补血草

拉丁种名：*Limonium sinense*

分类地位：被子植物门 / 木兰纲 / 白花丹目 / 白花丹科 / 补血草属

识别特征：多年生草本，高15～60厘米，全株（除萼外）无毛。叶基生，呈倒卵状长圆形、长圆状披针形至披针形，长4～12 (22) 厘米，宽0.4～2.5 (4) 厘米，先端通常钝或急尖，下部渐狭成扁平的柄。花序伞房状或圆锥状；花序轴通常3～5 (10)，上升或直立，具4个棱角或沟棱，常由中部以上作数回分枝，末级小枝二棱形；不育枝少，位于分枝的下部或分叉处；穗状花序有柄至无柄，排列于花序分枝的上部至顶端，由2～6 (11) 个小穗组成；小穗含花2～3 (4) 朵，被第一内苞包裹的1～2花常迟放或不开放；外苞长2～2.5毫米，卵形，第一内苞长5～5.5毫米；萼长5～6 (7) 毫米，漏斗状，萼筒直径约1毫米，下半部或全部沿脉被长毛，萼檐白色，宽2～2.5毫米（接近萼的中部），开张幅径3.5～4.5毫米，裂片宽短而先端通常钝或急尖，有时微有短尖，常有间生裂片，脉伸至裂片下方而消失，沿脉有或无微柔毛；花冠黄色。花期7—11月（北方），4—12月（南方）。

分　　布：分布于我国滨海各地；生长在沿海潮湿盐土或砂土上。

照片来源：黄河三角洲地区

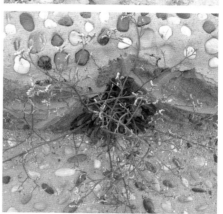

二色补血草 *Limonium bicolor*

中文种名：二色补血草

拉丁种名：*Limonium bicolor*

分类地位：被子植物门 / 木兰纲 / 白花丹目 / 白花丹科 / 补血草属

识别特征：多年生草本，高20～50厘米，全株（除萼外）无毛。叶基生，偶见花序轴下部1～3节上有叶，花期叶常存在，匙形至长圆状匙形，先端通常圆或钝，基部渐狭成平扁的柄。花序圆锥状；花序轴单生，或2～5枚各由不同的叶丛中生出，通常有3～4棱角，有时具沟槽，偶主轴圆柱状，往往自中部以上作数回分枝，末级小

枝二棱形；不育枝少，通常简单，位于分枝下部或单生于分叉处；穗状花序有柄至无柄，排列在花序分枝的上部至顶端，由3～5 (9) 个小穗组成；小穗含花2～3 (5) 朵；外苞长2.5～3.5毫米，长圆状宽卵形，第一内苞长6～6.5毫米；萼长6～7毫米，漏斗状，萼筒径约1毫米，全部或下半部沿脉密被长毛，萼檐初时淡紫红或粉红色，后来变白，宽为花萼全长的一半，开张幅径与萼的长度相等，裂片宽短而先端通常圆，偶有一易落的软尖，间生裂片明显，脉不达于裂片顶缘，沿脉被微柔毛或变无毛；花冠黄色。花期5—7月，果期6—8月。

分　　布：产于我国东北、黄河流域各省区和江苏北部；主要生长于平原地区，也见于山坡下部、丘陵和海滨，喜生长于含盐的钙质土上或砂地。

照片来源：黄河三角洲地区

柽　柳　*Tamarix chinensis*

中文种名：柽柳

拉丁种名：*Tamarix chinensis*

分类地位：被子植物门 / 木兰纲 / 堇菜目 / 柽柳科 / 柽柳属

识别特征：小乔木或灌木，高达 8 米。幼枝稠密纤细，常开展而下垂，红紫或暗紫红色，有光泽。叶鲜绿色，钻形或卵状披针形，长 1～3 毫米，背面有龙骨状凸起，先端内弯。每年开花 2～3 次；春季总状花序侧生于去年生小枝，长 3～6 厘米，下垂；夏秋总状花序，长 3～5 厘米，生于当年生枝顶端，组成顶生大圆锥花序。雄蕊 5，花丝着生于花盘裂片间；花柱 3，棍棒状。蒴果圆锥形，长 3.5 毫米。花期 4—9 月。

分　　布：野生于我国辽宁、河北、河南、山东、江苏（北部）、安徽（北部）等地；栽培于我国东部至西南部各地。喜生长于河流冲积平原、海滨、滩头、潮湿盐碱地和沙荒地。

照片来源：黄河三角洲地区

盐　芥　*Thellungiella salsuginea*

中文种名：盐芥

拉丁种名：*Thellungiella salsuginea*

分类地位：被子植物门 / 双子叶植物纲 / 白花菜目 / 十字花科 / 盐芥属

识别特征：一年生草本，高 10～35 (45) 厘米，无毛。茎于基部或近中部分枝，光滑，基部常淡紫色，基生叶近莲座状，早枯，具柄，叶片卵形或长圆形，全缘或具不明显、不整齐小齿；茎生叶无柄，长圆状卵形，下部叶长约 1.5 厘米，向上渐小，顶端急尖，基部箭形抱茎，全缘或具不明显小齿。花序花期时伞房状，果期时伸长成总状；花梗长 2～4 毫米，萼片卵圆形，边缘白色膜质，花瓣白色，呈长圆状倒卵形，顶端钝圆。果柄丝状，斜向上展开；长角果线状，略弯曲，于果梗端内翘，使角果向上直立。种子黄色，椭圆形，花期 4—5 月。

分　　布：分布于我国内蒙古、新疆、江苏。生长于土壤盐渍化的农田边、水沟旁和山区。

照片来源：黄河三角洲地区

海滨山黧豆 *Lathyrus japonicus*

中文种名：海滨山黧豆
拉丁种名：*Lathyrus japonicus*
分类地位：被子植物门 / 木兰纲 / 豆目 / 豆科 / 山黧豆属
识别特征：多年生草本，根状茎极长，横走。茎长 15 ～ 50 厘米，常匍匐，上升，无毛。托叶箭形，长 10 ～ 29 毫米，宽 6 ～ 17 毫米，网脉明显凸出，无毛；叶轴末端具卷须，单一或分枝；小叶 3 ～ 5 对，长椭圆形或长倒卵形，长 25 ～ 33 毫米，宽 11 ～ 18 毫

米，先端圆或急尖，基部宽楔形，两面无毛，网脉两面显著隆起。总状花序比叶短，有花 2 ～ 5 朵，花梗长 3 ～ 5 毫米；萼钟状，长 9 ～ 10 (12) 毫米，最下面萼齿长 5 ～ 6 (8) 毫米，最上面两齿长约 3 毫米，无毛；花紫色，长 21 毫米，旗瓣长 18 ～ 20 毫米，瓣片近圆形，直径 13 毫米，翼瓣长 17 ～ 20 毫米，瓣片狭倒卵形，宽 5 毫米，具耳，线形瓣柄长 8 ～ 9 毫米，龙骨瓣长 17 毫米，狭卵形，具耳，线形瓣柄长 7 毫米，子房线形，无毛或极偶见数毛。荚果长约 5 厘米，宽 7 ～ 11 毫米，棕褐色或紫褐色，压扁，无毛或被稀疏柔毛。种子近球状。花期 5—7 月，果期 7—8 月。
分　　布：分布在我国辽宁、河北、山东、浙江各地。生长于沿海沙滩上。
照片来源：黄河三角洲地区

小果白刺 *Nitraria sibirica*

中文种名：小果白刺
拉丁种名：*Nitraria sibirica*
分类地位：被子植物门 / 木兰纲 / 无患子目 / 蒺藜科 / 白刺属
识别特征：灌木，高 0.5 ～ 1.5 米，弯，多分枝，枝铺散，少直立。小枝灰白色，不孕枝先端刺针状。叶近无柄，在嫩枝上 4 ～ 6 片簇生，倒披针形，长 6 ～ 15 毫米，宽 2 ～ 5 毫米，先端锐尖或钝，基部渐窄呈楔形，无毛或幼时被柔毛。聚伞花序长 1 ～ 3 厘米，被疏柔毛；萼片 5，绿色，花瓣黄绿色或近白色，矩圆形，长 2 ～ 3 毫米。果呈椭圆形或近球形，两端钝圆，长 6 ～ 8 毫米，熟时暗红色，果汁暗蓝色，带紫色，味甜而微咸；果核卵形，先端尖，长 4 ～ 5 毫米。花期 5—6 月，果期 7—8 月。
分　　布：分布于我国的沙漠地区；华北及东北沿海沙区也有分布。生长于湖盆边缘沙地、盐渍化沙地、沿海盐化沙地。
照片来源：黄河三角洲地区

罗布麻 *Apocynum venetum*

中文种名：罗布麻

拉丁种名：*Apocynum venetum*

分类地位：被子植物门／木兰纲／龙胆目／夹竹桃科／罗布麻属

识别特征：半灌木，高 1.5 ～ 3 米，具乳汁；枝条对生或互生，圆筒形，光滑无毛，紫红色或淡红色。叶对生、近对生，叶片呈椭圆状披针形至卵圆状长圆形，长 1 ～ 5 厘米，宽 0.5 ～ 1.5 厘米，顶端急尖至钝，具短尖头，基部急尖至钝，叶缘具细牙齿，两面无毛；叶柄长 3 ～ 6 毫米；叶柄间具腺体。

圆锥状聚伞花序一至多歧，通常顶生，花梗长约 4 毫米，被短柔毛；苞片膜质，披针形；花萼 5 深裂，裂片边缘膜质；花冠圆筒状钟形，紫红色或粉红色，花冠筒长 6 ～ 8 毫米，花冠裂片基部向右覆盖，与花冠筒几乎等长；雄蕊着生在花冠筒基部，与副花冠裂片互生；花药箭头状；雌蕊花柱短，柱头基部盘状，2 裂；子房由 2 枚离生心皮所组成，被白色茸毛；花盘环状，肉质。蓇葖果 2，平行或叉生，下垂，箸状圆筒形。花期 4—9 月，果期 7—12 月。

分　　布：分布于我国新疆、青海、甘肃、陕西、山西、河南、河北、江苏、山东、辽宁及内蒙古等地。主要野生在盐碱荒地和沙漠边缘及河流两岸、冲积平原、河泊周围及戈壁荒滩上。

照片来源：黄河三角洲地区

枸　杞 *Lycium chinense*

中文种名：枸杞

拉丁种名：*Lycium chinense*

分类地位：被子植物门／木兰纲／茄目／茄科／枸杞属

识别特征：多分枝灌木，高 0.5 ～ 1 米；枝条细弱，弓状弯曲或俯垂，淡灰色，有纵条纹，棘刺长 0.5 ～ 2 厘米，小枝顶端锐尖呈棘刺状。叶纸质或栽培者质稍厚，单叶互生或 2 ～ 4 枚簇生，卵形、卵状菱形、长椭圆形、卵状披针形，顶端急尖，基部楔形；叶柄长 0.4 ～ 1 厘米。花在长枝上单生或双生于叶腋，在短枝上则同叶簇生；花梗长 1 ～ 2 厘米，向顶端渐增粗。

花萼长 3 ～ 4 毫米，通常 3 中裂或 4 ～ 5 齿裂，裂片多少有缘毛；花冠漏斗状，淡紫色，筒部向上骤然扩大，稍短于或近等于檐部裂片，5 深裂；雄蕊较花冠稍短，或因花冠裂片外展而伸出花冠；花柱稍伸出雄蕊，上端弓弯，柱头绿色。浆果红色，卵状。种子呈扁肾脏形，长 2.5 ～ 3 毫米，黄色。花果期 6—11 月。

分　　布：分布于我国东北、河北、山西、陕西、甘肃南部以及西南、华中、华南和华东各地。常生长于山坡、荒地、丘陵地、盐碱地、路旁及村边宅旁。

照片来源：黄河三角洲地区

肾叶打碗花 *Calystegia soldanella*

中文种名：肾叶打碗花
拉丁种名：*Calystegia soldanella*
分类地位：被子植物门 / 木兰纲 / 茄目 / 旋花科 / 打碗花属
识别特征：多年生草本，全体近于无毛，具细长的根。茎细长，平卧，有细棱或有时具狭翅。叶肾形，长 0.9 ~ 4 厘米，宽 1 ~ 5.5 厘米，质厚，顶端圆或凹，具小短尖头，全缘或浅波状；叶柄长于叶片，或从沙土中伸出很长。花腋生，1 朵，花梗长于叶柄，有细棱；苞片宽卵形，比萼片短，长 0.8 ~ 1.5 厘米，顶端圆或微凹，具小短尖；萼片近于等长，长 1.2 ~ 1.6 厘米，外萼片长圆形，内萼片卵形，具小尖头；花冠淡红色，钟状，长 4 ~ 5.5 厘米，冠檐微裂；雄蕊花丝基部扩大，无毛；子房无毛，柱头 2 裂，扁平。蒴果呈卵球形，长约 1.6 厘米。种子黑色，长 6 ~ 7 毫米，表面无毛亦无小疣。
分　　布：分布于我国辽宁、河北、山东、江苏、浙江、台湾等沿海地区。生长于海滨沙地或海岸岩石缝中。
照片来源：黄河三角洲地区

菟丝子 *Cuscuta chinensis*

中文种名：菟丝子
拉丁种名：*Cuscuta chinensis*
分类地位：被子植物门 / 木兰纲 / 茄目 / 菟丝子科 / 菟丝子属
识别特征：一年生寄生草本。茎缠绕，黄色，纤细，直径约 1 毫米，无叶。花序侧生，少花或多花簇生成小伞形或小团伞花序，近于无总花序梗；苞片及小苞片小，鳞片状；花梗稍粗壮，长仅约 1 毫米；花萼杯状，中部以下连合，裂片三角状，长约 1.5 毫米，顶端钝；花冠白色，壶形，长约 3 毫米，裂片三角状卵形，顶端锐尖或钝，向外反折，宿存；雄蕊着生花冠裂片弯缺微下处；鳞片长圆形，边缘长流苏状；子房近球形，花柱 2，等长或不等长，柱头球形。蒴果球形，直径约 3 毫米，几乎全为宿存的花冠所包围，成熟时整齐周裂。种子 2 ~ 49 粒，淡褐色，卵形，长约 1 毫米，表面粗糙。

分　　布：分布在我国黑龙江、吉林、辽宁、河北、山西、陕西、宁夏、甘肃、内蒙古、新疆、山东、江苏、安徽、河南、浙江、福建、四川、云南等地。生长于海拔 200 ~ 3 000 米的田边、山坡阳处、路边灌丛或海边沙丘。通常寄生于豆科、菊科、蒺藜科等多种植物上。
照片来源：黄河三角洲地区

砂引草 *Messerschmidia sibirica*

中文种名：砂引草

拉丁种名：*Messerschmidia sibirica*

分类地位：被子植物门 / 木兰纲 / 唇形目 / 紫草科 / 砂引草属

识别特征：多年生草本，高 10～30 厘米，有细长的根状茎。茎单一或数条丛生，直立或斜升，通常分枝，密生糙伏毛或白色长柔毛。叶披针形、倒披针形或长圆形，长 1～5 厘米，宽 6～10 毫米，先端渐尖或钝，基部楔形或圆形，密生糙伏毛或长柔毛，中脉明显，上面凹陷，下面凸起，侧脉不明显，无柄或近无柄。花序顶生，直径 1.5～4 厘米；萼片披针形，密生向上的糙伏毛；花冠黄白色，钟状，裂片卵形或长圆形，外弯，花冠筒较裂片长，外面密生向上的糙伏毛；花药长圆形，先端具短尖，花丝极短，着生于花筒中部；子房无毛，略现 4 裂，花柱细，柱头浅 2 裂，下部环状膨大。核果椭圆形或卵球形，粗糙，密生伏毛，先端凹陷，核具纵肋，成熟时分裂为 2 个各含 2 粒种子的分核。花期 5 月，果实 7 月成熟。

分　　布：分布于我国东北、河北、河南、山东、陕西、甘肃、宁夏等地。生长于海拔 4～1 930 米的海滨沙地、干旱荒漠及山坡道旁。

照片来源：黄河三角洲地区

长叶车前 *Plantago lanceolata*

中文种名：长叶车前

拉丁种名：*Plantago lanceolata*

分类地位：被子植物门 / 木兰纲 / 车前目 / 车前科 / 车前属

识别特征：多年生草本。直根粗长。根茎粗短，不分枝或分枝。叶基生呈莲座状，无毛或散生柔毛；叶片纸质，线状披针形、披针形或椭圆状披针形，长 6～20 厘米，宽 0.5～4.5 厘米，先端渐尖至急尖，边缘全缘或具极疏的小齿，基部狭楔形，下延，脉（3）5～7 条；叶柄细，长 2～10 厘米，基部略扩大成鞘状，有长柔毛。花序 3～15 个；花序梗直立或弓曲上升，长 10～60 厘米，有明显的纵沟槽，棱上多少贴生柔毛；穗状花序幼时常呈圆锥状卵形，后变短圆柱状或头状，长 1～5（8）厘米，紧密；花冠白色，无毛，冠筒约与萼片等长或稍长。雄蕊着生于冠筒内面中部，与花柱明显外伸，花药椭圆形，先端有卵状三角形小尖头，白色至淡黄色。胚珠 2～3。蒴果呈

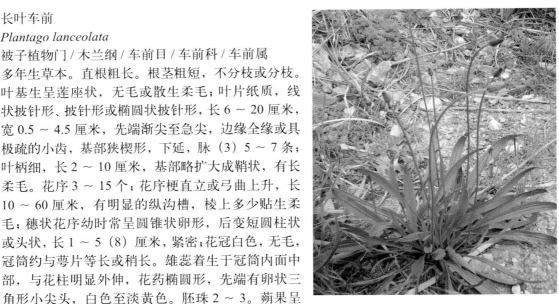

狭卵球形，于基部上方周裂。种子呈狭椭圆形至长卵形，淡褐色至黑褐色，有光泽。花期 5—6 月，果期 6—7 月。

分　　布：分布在我国辽宁、甘肃、新疆、山东、江苏、浙江、江西、云南等地。生长于海拔 3～900 米的海滩、河滩、草原湿地、山坡多石处或砂质地、路边、荒地。

照片来源：黄河三角洲地区

阿尔泰狗娃花 *Heteropappus altaicus*

中文种名：阿尔泰狗娃花
拉丁种名：*Heteropappus altaicus*
分类地位：被子植物门 / 木兰纲 / 菊目 / 菊科 / 狗娃花属
识别特征：多年生草本，有横走或垂直的根。茎直立，高 20 ～ 60 厘米，被上曲或有时开展的毛，上部常有腺毛，上部或全部有分枝。基部叶在花期枯萎；下部叶条形或矩圆状披针形，倒披针形，或近匙形，长 2.5 ～ 6 厘米，稀达 10 厘米，宽 0.7 ～ 1.5 厘米，全缘或有疏浅齿；上部叶渐狭小，条形；全部叶两面或下面被粗毛或细毛，常有腺点，中脉在下面稍凸起。头状花序直径 2 ～ 3.5 厘米，稀 4 厘米，单生枝端或排成伞房状。总苞半球形；总苞片 2 ～ 3 层，近等长或外层稍短，矩圆状披针形或条形。舌状花约 20 个，有微毛；舌片浅蓝紫色，矩圆状条形；管状花长 5 ～ 6 毫米，管部长 1.5 ～ 2.2 毫米，裂片不等大，有疏毛；瘦果扁，呈倒卵状矩圆形，灰绿色或浅褐色，被绢毛，上部有腺点。冠毛污白色或红褐色，长 4 ～ 6 毫米，有不等长的微糙毛。花果期 5—9 月。
分　　布：广泛分布于亚洲中部、东部、北部及东北部，也见于喜马拉雅西部。生长于海拔从滨海到 4000 米的草原，荒漠地、沙地及干旱山地。
照片来源：黄河三角洲地区

黄花蒿 *Artemisia annua*

中文种名：黄花蒿
拉丁种名：*Artemisia annua*
分类地位：被子植物门 / 木兰纲 / 菊目 / 菊科 / 蒿属
识别特征：一年生草本。茎单生，茎、枝、叶两面及总苞片背面无毛或初叶下面微有极稀柔毛。叶两面具脱落性白色腺点及细小凹点，茎下部叶宽卵形或三角状卵形，长 3 ～ 7 厘米，三（四）回栉齿状羽状深裂，每侧裂片 5 ～ 8 (10) 个，中肋在上面稍隆起，中轴两侧有窄翅无小栉齿，稀上部有数枚小栉齿，叶柄长 1 ～ 2 厘米，基部有半抱茎假托叶；中部叶 2 ～ 3 回栉齿状羽状深裂，小裂片栉齿状三角形，具短柄；上部叶与苞片叶 1 ～ 2 回栉齿状羽状深裂，近无柄。头状花序球形，多数，直径 1.5 ～ 2.5 毫米，有短梗，基部有线形小苞叶，在分枝上排成总状或复总状花序，在茎上组成开展的尖塔形圆锥花序；总苞片背面无毛；雌花 10 ～ 18；两性花 10 ～ 30。瘦果呈椭圆状卵圆形，稍扁。花果期 8—11 月。
分　　布：遍及全国，生境适应性强，东部、南部省区生长在路旁、荒地、山坡、林缘等处；其他生长在草原、森林、干河谷、半荒漠及砾质坡地等，也见于盐渍化的土壤上。
照片来源：黄河三角洲地区

细叶鸦葱 *Scorzonera pusilla*

中文种名： 细叶鸦葱

拉丁种名： *Scorzonera pusilla*

分类地位： 被子植物门 / 木兰纲 / 菊目 / 菊科 / 鸦葱属

识别特征： 多年生草本，高 5 ~ 20 厘米。根垂直直伸，有串珠状变粗的球形块根。茎直立，上部通常有分枝，极少不分枝，多数簇生于根茎顶端，茎基被鞘状残迹，全部茎枝被稀疏的短柔毛或脱毛。基生叶多数，狭线形或丝状线形，先端渐尖，弧形弯曲，钩状，基部鞘状扩大，边缘平，两面被蛛丝状柔毛或上面的毛稀疏而几乎无毛，离基 3 出脉，中脉明显。茎生叶互生，常对生或几乎对生或有时 3 枚轮生，与基生叶同形并被同样的毛被。头状花序生茎枝顶端。总苞狭圆柱状，总苞片约 4 层，外层卵形，中层长椭圆形或长椭圆状披针形，内层长椭圆形，全部总苞片外面被尘状短柔毛。舌状小花黄色。瘦果呈圆柱状，无毛，无脊瘤。冠毛白色，大部分为羽毛状，羽枝纤细，蛛丝毛状，上部为细锯齿状。花果期 4—7 月。

分　　布： 分布于我国新疆。生长于海拔 540 ~ 3 370 米的石质山坡、荒漠砾石地、平坦沙地、半固定沙丘、盐碱地、路边、荒地、山前平原及砂质冲积平原。

照片来源： 黄河三角洲地区

蒙古鸦葱 *Scorzonera mongolica*

中文种名： 蒙古鸦葱

拉丁种名： *Scorzonera mongolica*

分类地位： 被子植物门 / 木兰纲 / 菊目 / 菊科 / 鸦葱属

识别特征： 多年生草本。茎直立或铺散，上部有分枝，茎枝灰绿色，无毛，茎基被褐色或淡黄色鞘状残迹。基生叶长椭圆形、长椭圆状披针形或线状披针形，长 2 ~ 10 厘米，基部渐窄成柄，柄基鞘状；茎生叶互生或对生，披针形、长披针形、长椭圆形或线状长椭圆形，基部楔形收窄，无柄；叶肉质，两面无毛，灰绿色。头状花序单生茎端，或茎生 2 枚头状花序，呈聚伞花序状排列；总苞窄圆柱状，直径约 0.6 毫米，总苞片 4 ~ 5 层，背面无毛或被蛛丝状柔毛，外层卵形、宽卵形，长 3 ~ 5 毫米，中层长椭圆形或披针形，长 1.2 ~ 1.8 厘米，内层线状披针形，长 2 厘米。舌状小花黄色。瘦果呈圆柱状，长 5 ~ 7 毫米，淡黄色，被长柔毛，顶端疏被柔毛；冠毛白色，长 2.2 厘米，羽毛状。花果期 4—8 月。

分　　布： 分布于我国辽宁、河北、山西、陕西、宁夏、甘肃、青海、新疆、山东、河南。生长于盐化草甸、盐化沙地、盐碱地、干湖盆、湖盆边缘、草滩及河滩地。

照片来源： 黄河三角洲地区

矮生薹草 *Carex pumila*

中文种名：矮生薹草
拉丁种名：*Carex pumila*
分类地位：被子植物门 / 百合纲 / 莎草目 / 莎草科 / 薹草属
识别特征：根状茎具细长分枝地下匍匐茎。秆疏丛生，高 10 ~ 30 厘米，三棱形，几乎全为叶鞘所包，下部多枚叶鞘淡红褐色无叶片，鞘一侧裂为网状。叶长于秆或近等长，宽 3 ~ 4 毫米，平展或对折，坚挺，脉和边缘粗糙，具鞘；苞片下部的叶状，长于小穗。小穗 3 ~ 6，间距较短，上端 2 ~ 3 雄小穗，棍棒形或窄圆柱形，具短柄；余 1 ~ 3 雌小穗，长圆形或长圆状圆柱形，多花稍疏生，具短柄或近无柄。雌花鳞片宽卵形，先端渐尖，具短尖或短芒，膜质，淡褐色或带锈色短线点，中间绿色，边缘白色透明，3 条脉。果囊斜展，卵形，鼓胀三棱状，木栓质，淡黄色或淡黄褐色，无毛，多脉微凹，柄粗短，喙稍宽短，喙口带血红色，具 2 短齿。小坚果紧包果囊中，呈宽倒卵形或近椭圆形，三棱状，长约 3.5 毫米，具短柄；花柱中等长，基部稍增粗，宿存，柱头 3。
分　　布：分布于我国辽宁、河北、山东、江苏、浙江、福建、台湾等沿海地区的海边沙地。
照片来源：黄河三角洲地区

朝鲜碱茅 *Puccinellia chinampoensis*

中文种名：朝鲜碱茅
拉丁种名：*Puccinellia chinampoensis*
分类地位：被子植物门 / 百合纲 / 莎草目 / 禾本科 / 碱茅属
识别特征：多年生。须根密集发达。秆丛生，直立或膝曲上升，高 60 ~ 80 厘米，直径约 1.5 毫米，具 2 ~ 3 节，顶节位于下部的 1/3 处。叶鞘灰绿色，无毛，顶生者长达 15 厘米；叶舌干膜质，长约 1 毫米；叶片线形，扁平或内卷，长 4 ~ 9 厘米，宽 1.5 ~ 3 毫米，上面微粗糙。圆锥花序疏松，金字塔形，长 10 ~ 15 厘米，宽 5 ~ 8 厘米，每节具 3 ~ 5 分枝；分枝斜上，花后开展或稍下垂，长 6 ~ 8 厘米，微粗糙，中部以下裸露；侧生小穗柄长约 1 毫米，微粗糙；小穗含小花 5 ~ 7 朵，长 5 ~ 6 毫米；颖先端与边缘具纤毛状细齿裂，第一颖长约 1 毫米，具 1 脉，第二颖长约 1.4 毫米，具 3 脉，先端钝；外稃长 1.6 ~ 2 毫米，具不明显的 5 脉，近基部沿脉生短毛，先端截平，具不整齐细齿裂，膜质，其下黄色，后带紫色；内稃等长或稍长于外稃，脊上部微粗糙，下部有少许柔毛；花药线形。颖果呈卵圆形。花果期 6—8 月。
分　　布：分布于我国黑龙江、吉林、辽宁、内蒙古、河北、山西、山东、江苏、安徽、青海、宁夏、新疆、甘肃。生长于较湿润的盐碱地和湖边、滨海的盐渍土上。
照片来源：黄河三角洲地区

大穗结缕草 *Zoysia macrostachya*

中文种名：大穗结缕草

拉丁种名：*Zoysia macrostachya*

分类地位：被子植物门 / 百合纲 / 莎草目 / 禾本科 / 结缕草属

识别特征：多年生。具横走根茎；直立部分高 10 ～ 20 厘米，具多节，基部节上常残存枯萎的叶鞘；节间短，每节具 1 至数个分枝。叶鞘无毛，下部者松弛而互相跨覆，上部者紧密裹茎；叶舌不明显，鞘口具长柔毛；叶片线状披针形，质地较硬，常内卷，长 1.5 ～ 4 厘米，宽 1 ～ 4 毫米。总状花序紧缩呈穗状，基部常包藏于叶鞘内，长 3 ～ 4 厘米，宽 5 ～ 10 毫米，穗轴具棱，小穗柄粗短，顶端扁宽而倾斜，具细柔毛；小穗黄褐色或略带紫褐色，长 6 ～ 8 毫米，宽约 2 毫米；第一颖退化，第二颖革质，长 6 ～ 8 毫米，具不明显的 7 脉，中脉近顶端处与颖离生而成芒状小尖头；外稃膜质，具 1 脉，长约 4 毫米；内稃退化；雄蕊 3，花药长约 2.5 毫米；花柱 2，柱头帚状。颖果呈卵状椭圆形，长约 2 毫米。花果期 6—9 月。

分　　布：分布于我国山东、江苏、安徽、浙江。生长于山坡或平地的砂质土壤或海滨沙地上。

照片来源：黄河三角洲地区

结缕草 *Zoysia japonica*

中文种名：结缕草

拉丁种名：*Zoysia japonica*

分类地位：被子植物门 / 百合纲 / 莎草目 / 禾本科 / 结缕草属

识别特征：多年生草本。具横走根茎，须根细弱。秆直立，高 15 ～ 20 厘米，基部常有宿存枯萎的叶鞘。叶鞘无毛，下部者松弛而互相跨覆，上部者紧密裹茎；叶舌纤毛状，长约 1.5 毫米；叶片扁平或稍内卷，长 2.5 ～ 5 厘米，宽 2 ～ 4 毫米，表面疏生柔毛，背面近无毛。总状花序呈穗状，长 2 ～ 4 厘米，宽 3 ～ 5 毫米；小穗柄通常弯曲，长可达 5 毫米；小穗长 2.5 ～ 3.5 毫米，宽 1 ～ 1.5 毫米，卵形，淡黄绿色或带紫褐色，第一颖退化，第二颖质硬，略有光泽，具 1 脉，顶端钝头或渐尖，于近顶端处由背部中脉延伸成小刺芒；外稃膜质，长圆形，长 2.5 ～ 3 毫米；雄蕊 3，花丝短，花药长约 1.5 毫米；花柱 2，柱头帚状，开花时伸出稃体外。颖果呈卵形，长 1.5 ～ 2 毫米。花果期 5—8 月。

分　　布：分布于我国东北、河北、山东、江苏、安徽、浙江、福建、台湾。生长于平原、山坡或海滨草地上。

照片来源：黄河三角洲地区

中华结缕草 *Zoysia sinica*

中文种名：中华结缕草

拉丁种名：*Zoysia sinica*

分类地位：被子植物门 / 百合纲 / 莎草目 / 禾本科 / 结缕草属

识别特征：多年生。具横走根茎。秆直立，高 13 ～ 30 厘米，茎部常具宿存枯萎的叶鞘。叶鞘无毛，长于或上部者短于节间，鞘口具长柔毛；叶舌短而不明显；叶片淡绿色或灰绿色，背面色较淡，长可达 10 厘米，宽 1 ～ 3 毫米，无毛，质地稍坚硬，扁平或边缘内卷。总状花序穗形，小穗排列稍疏，长 2 ～ 4 厘米，宽 4 ～ 5 毫米，伸出叶鞘外；小穗披针形或卵状披针形，黄褐色或略带紫色，长 4 ～ 5 毫米，宽 1 ～ 1.5 毫米，具长约 3 毫米的小穗柄；颖光滑无毛，侧脉不明显，中脉近顶端与颖分离，延伸成小芒尖；外稃膜质，长约 3 毫米，具 1 明显的中脉；雄蕊 3，花药长约 2 毫米；花柱 2，柱头帚状。颖果呈棕褐色，长椭圆形，长约 3 毫米。花果期 5—10 月。

分　　布：分布于我国辽宁、河北、山东、江苏、安徽、浙江、福建、广东、台湾。生长于海边沙滩、河岸、路旁的草丛中。

照片来源：黄河三角洲地区

大米草 *Spartina anglica*

中文种名：大米草

拉丁种名：*Spartina anglica*

分类地位：被子植物门 / 百合纲 / 莎草目 / 禾本科 / 米草属

识别特征：秆直立，分蘖多而密聚成丛，高 10 ～ 120 厘米，直径 3 ～ 5 毫米，无毛。叶鞘大多长于节间，无毛，基部叶鞘常撕裂成纤维状而宿存；叶舌长约 1 毫米，具长约 1.5 毫米的白色纤毛；叶片线形，先端渐尖，基部圆形，两面无毛，长约 20 厘米，宽 8 ～ 10 毫米，中脉在上面不显著。穗状花序长 7 ～ 11 厘米，劲直而靠近主轴，先端常延伸成芒刺状，穗轴具 3 棱，无毛，2 ～ 6 枚总状着生于主轴上；小穗单生，长卵状披针形，疏生短柔毛，长 14 ～ 18 毫米，无柄，成熟时整个脱落；第一颖草质，先端长渐尖，长 6 ～ 7 毫米，具 1 脉；第二颖先端略钝，长 14 ～ 16 毫米，具 1 ～ 3 脉；外稃草质，长约 10 毫米，具 1 脉，脊上微粗糙；内稃膜质，长约 11 毫米，具 2 脉；花药黄色，长约 5 毫米，柱头白色羽毛状；子房无毛。颖果呈圆柱形，长约 10 毫米，光滑无毛。花果期 8—10 月。

分　　布：原产于欧洲。生长于潮水能经常到达的海滩沼泽中。

照片来源：黄河三角洲地区

獐毛 *Aeluropus sinensis*

中文种名：獐毛

拉丁种名：*Aeluropus sinensis*

分类地位：被子植物门 / 百合纲 / 莎草目 / 禾本科 / 獐毛属

识别特征：多年生。秆直立或斜歪，通常有长匍匐枝，秆高 15 ~ 35 厘米，径 1.5 ~ 2 毫米，具多节，节处密生柔毛，叶鞘鞘口常有柔毛，其余部分无毛或近基部有柔毛；叶舌截平，长约 0.5 毫米；叶片无毛，通常扁平，长 3 ~ 6 厘米，宽 3 ~ 6 毫米。圆锥花序穗形，其上分枝密接而重叠，长 2 ~ 5 厘米，宽 0.5 ~ 1.5 厘米；小穗长 4 ~ 6 毫米，有 4 ~ 6 小花，颖及外稃均无毛，或仅背脊粗糙，第一颖长约 2 毫米，第二颖长约 3 毫米，第一外稃长约 3.5 毫米。花果期 5—8 月。

分　　布：分布于我国东北、河北、山东、江苏诸省沿海一带以及河南、山西、甘肃、宁夏、内蒙古、新疆等地；生于海岸边至海拔 3 200 米的内陆盐碱地。

照片来源：黄河三角洲地区

白茅 *Imperata cylindrica*

中文种名：白茅

拉丁种名：*Imperata cylindrica*

分类地位：被子植物门 / 百合纲 / 莎草目 / 禾本科 / 白茅属

识别特征：多年生，具粗壮的长根状茎。秆直立，高 30 ~ 80 厘米，具 1 ~ 3 节，节无毛。叶鞘聚集于秆基，甚长于其节间，质地较厚；叶舌膜质，长约 2 毫米，紧贴其背部或鞘口具柔毛，分蘖叶片长约 20 厘米，宽约 8 毫米，扁平，质地较薄；秆生叶片长 1 ~ 3 厘米，窄线形，通常内卷，顶端渐尖呈刺状，下部渐窄，或具柄，质硬，被有白粉，基部上面具柔毛。圆锥花序稠密，长 20 厘米，宽达 3 厘米，小穗长 4.5 ~ 5 (6) 毫米；两颖草质及边缘膜质，近相等，具 5 ~ 9 脉，顶端渐尖或稍钝，常具纤毛，第一外稃卵状披针形，长为颖片的 2/3，透明膜质，无脉，顶端尖或齿裂，第二外稃与其内稃近相等，长约为颖之半，卵圆形，顶端具齿裂及纤毛；雄蕊 2；花柱细长，基部多少连合，柱头 2，紫黑色，羽状，自小穗顶端伸出。颖果呈椭圆形，长约 1 毫米。花果期 4—6 月。

分　　布：分布于我国辽宁、河北、山西、山东、陕西、新疆等北方地区。生长于低山带平原河岸草地、砂质草甸、荒漠与海滨。

照片来源：黄河三角洲地区

第二部分
常见浮游生物
Plankton

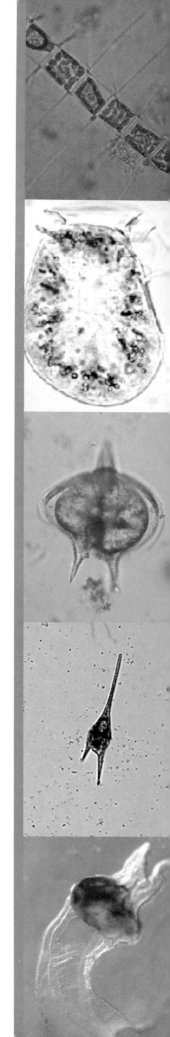

　　浮游生物是指在水流运动的作用下，被动地漂浮于水层中的生物群体，最主要的特征是缺乏发达的游泳器官，运动能力很弱，只能随水移动，不能像鱼类那样自由游泳。浮游生物是一个重要的生态群落，数量多，分布广，种类组成复杂。浮游生物按照营养方式可分为浮游植物和浮游动物两大类群。其中，浮游植物是一类具有色素或色素体，能进行光合作用，并制造有机物的自养性浮游生物。它们与底栖藻类一起，构成了海洋中有机物的初级产量。浮游动物是一类自己不能制造有机物的异养性浮游生物。一般，它们构成海洋中的次级生产力。

　　该部分共收录黄河三角洲地区邻近海域常见浮游生物 119 种，其中浮游植物 66 种，隶属于 4 门 5 纲 13 目 23 科 38 属；浮游动物 45 种（不含浮游幼虫和幼体），隶属于 5 门 9 纲 20 目 35 科 38 属，常见浮游幼虫和幼体 8 种。

格氏圆筛藻 *Coscinodiscus granii*

中文种名：格氏圆筛藻

拉丁种名：*Coscinodiscus granii*

分类地位：硅藻门 / 中心纲 / 盘状硅藻目 / 圆筛藻科 / 圆筛藻属

识别特征：藻体细胞直径 60 ～ 215 微米，壳面圆形，壳套较发达，壳环面呈楔形（环面一侧高度与另一侧相差 2 ～ 3 倍），细胞直径最高达 300 微米。壳面有明显的中央玫瑰区，玫瑰区中央有小孔纹，壳面网纹辐射列、螺旋列明显，纵横交错，从中央向周缘逐渐缩小。中央 10 微米有 8 个小室，外围 10 微米有 10 ～ 11 个小室。壳缘有一圈间隔 10 ～ 18 微米的较长的缘刺和两个相距约 150°的小缘突。

地理分布及习性：世界广布种。我国黄海、渤海全年皆有分布，春、秋季的数量较多。

照片来源：黄河三角洲地区邻近海域

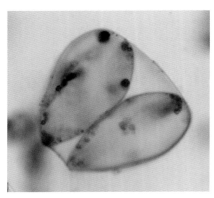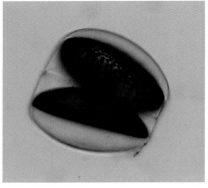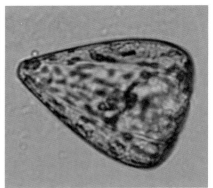

威利圆筛藻 *Coscinodiscus wailesii*

中文种名：威利圆筛藻

拉丁种名：*Coscinodiscus wailesii*

分类地位：硅藻门 / 中心纲 / 盘状硅藻目 / 圆筛藻科 / 圆筛藻属

识别特征：细胞呈较大的短圆柱状，直径 267 ～ 334 微米，高 200 微米左右。壳面圆形，平或中央略凹，环面呈规则的矩形。壳面上有边缘不齐的中央无纹区，自中央向边缘有放射状排列的室列，短放射室列不明显，无螺旋室列。每 10 微米有 6 ～ 7 个小室。室底部有盖孔，壳面中部室的盖孔较小且不明显，仅壳面边缘处逐渐增大。色素体呈小盘状，数目很多。

地理分布及习性：暖温带外洋性种，在我国主要出现在温度 20℃左右、盐度为 30 ～ 34 的水域，秋季在黄海、渤海常有分布。

照片来源：黄河三角洲地区邻近海域

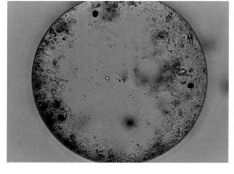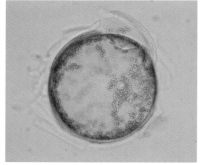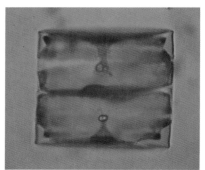

蛇目圆筛藻 *Coscinodiscus argus*

中文种名：蛇目圆筛藻
拉丁种名：*Coscinodiscus argus*
分类地位：硅藻门 / 中心纲 / 盘状硅藻目 / 圆筛藻科 / 圆筛藻属
识别特征：藻体细胞直径 95 ~ 209 微米，细胞圆盘形，壳面平或中部略凹。壳面室呈放射状和螺旋状排列。壳面中心由 5 个较大的室组成玫瑰纹，在中央玫瑰纹中间还有直径 1.7 ~ 3 微米的中央无纹区，亦有玫瑰纹不明显而仅有中央无纹区者。壳中部室较小，向外逐渐变大，直至壳面中央到边缘 2/3 处室逐渐缩小。色素体呈颗粒状，数目多。
地理分布及习性：广布性底栖种、浮游种、化石种。春、秋季在我国的渤海北部和黄海皆有分布，但数量不多。
照片来源：黄河三角洲地区邻近海域

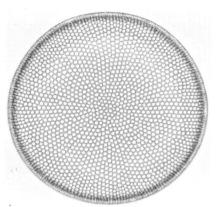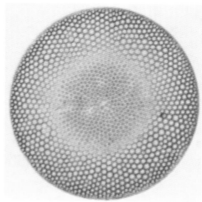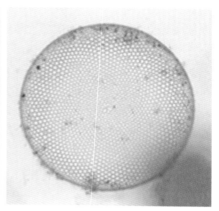

虹彩圆筛藻 *Coscinodiscus oculus-iridis*

中文种名：虹彩圆筛藻
拉丁种名：*Coscinodiscus oculus-iridis*
分类地位：硅藻门 / 中心纲 / 盘状硅藻目 / 圆筛藻科 / 圆筛藻属
识别特征：细胞圆盘状，中央略凹，直径 100 ~ 300 微米。壳面中央有 6 ~ 7 个（少数为 9 个）室组成的大而明显的玫瑰纹，玫瑰纹中央有时有小无纹区。室由玫瑰纹区周围（3 ~ 5 室 /10 微米）向细胞边缘方向逐渐增大（2.5 ~ 3.5 室 /10 微米），边缘处有 1 ~ 2 行小室（5 ~ 6 室 /10 微米）。室的中孔很明显，筛孔不清楚，亦无室间孔。各室列自玫瑰纹向壳缘呈放射状排列，螺旋列也很清楚。壳缘狭，从壳面观，壳缘有相隔 90° 的 2 个缘孔，壳缘小刺不明显。
地理分布及习性：广温性外洋种，世界广布种。我国黄海、渤海海域全年皆有分布。
照片来源：黄河三角洲地区邻近海域

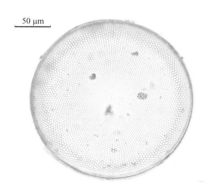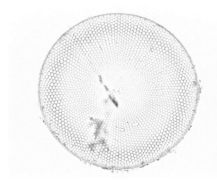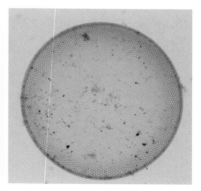

星脐圆筛藻 *Coscinodiscus asteromphalus* var. *asteromphalus*

中文种名：星脐圆筛藻

拉丁种名：*Coscinodiscus asteromphalus* var. *asteromphalus*

分类地位：硅藻门／中心纲／盘状硅藻目／圆筛藻科／圆筛藻属

识别特征：藻体细胞直径大都为 260～300 微米，高度变动幅度很大，细胞壁硅质化程度较强。壳面圆形，中央略凹，近边缘处又骤凹下。环面观呈中央较狭而两侧较宽的圆角矩形。壳面有明显的大玫瑰纹，玫瑰纹的中央常有一无纹区。壳面呈放射状排列。室表的筛膜上有许多筛孔，室底的盖孔虽较小，但清晰可见。壳面边缘有两个相距约 120° 的小缘孔。色素体很多，呈小圆盘状。本种与虹彩圆筛藻很相似，两者的细胞直径、形状和中央玫瑰纹的形态甚相似，但后者的室自壳面中央向外逐渐增大，到壳边缘有 1～2 圈小室，本种壳面的室大小近似，或玫瑰纹附近者略微缩小，到壳面边缘有多圈小室（一般 3～5 圈），另外虹彩圆筛藻的室的筛孔不及本种明显。

地理分布及习性：广温性种，世界广布种，我国黄海、渤海皆有分布，秋季数量较多。

照片来源：黄河三角洲地区邻近海域

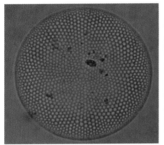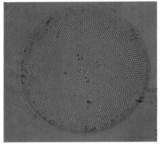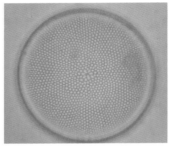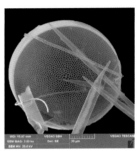

哈德掌状藻 *Palmerina hardmaniana*

中文种名：哈德掌状藻

拉丁种名：*Palmerina hardmaniana*

分类地位：硅藻门／中心纲／盘状硅藻目／圆筛藻科／掌状藻属

识别特征：细胞近半球形，壁薄且大，顶轴长 65～483 微米，切顶轴长 3～167 微米，单个浮游生活。壳面半月形，背侧呈弧形弯曲，腹面平直，两端钝圆。窄壳环面窄楔形。壳面中央有或无空白的无纹区。色素体呈颗粒状，小而多。

地理分布及习性：暖海浮游性种，黄海、渤海秋季偶有分布，数量不多。

照片来源：黄河三角洲地区邻近海域

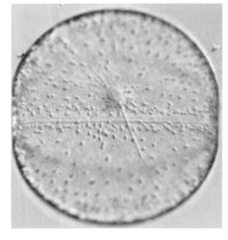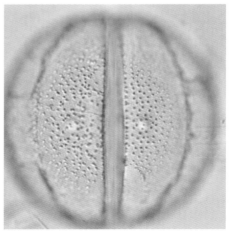

六幅辐裥藻 *Actinoptychus senarius*

中文种名：六幅辐裥藻

拉丁种名：*Actinoptychus senarius*

分类地位：硅藻门 / 中心纲 / 盘状硅藻目 / 圆筛藻科 / 辐裥藻属

识别特征：藻体细胞壳面圆形，直径 50 微米左右。壳面由 6 块高低相间排列的扇形区组成。各扇形区都有六角形的大室状构造，各室外侧凹下成筛板构造，内侧为单孔。壳面中央无纹区正六边形。色素体多，颗粒状。

地理分布及习性：广布性底栖海产沿岸种，在浮游种群中常采到。黄海、渤海全年皆有，但数量不多。

照片来源：黄河三角洲地区邻近海域

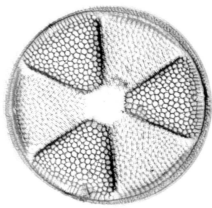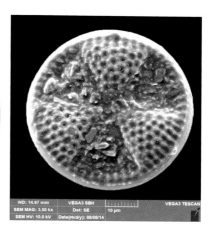

诺氏海链藻 *Thalassiosira nordenskioeldii*

中文种名：诺氏海链藻

拉丁种名：*Thalassiosira nordenskioeldii*

分类地位：硅藻门 / 中心纲 / 盘状硅藻目 / 海链藻科 / 海链藻属

识别特征：细胞厚圆盘状，壳环面八角形，壳面正圆形，中部凹下，直径 12 ～ 43 微米。壳面边缘有 1 圈向四周斜射的小刺。壳面中央凹入，在凹入处有黏液孔，由此伸出 1 条胶质线，使细胞组成群体。链直或弯曲，壳环面有领纹，每 10 微米 16 ～ 18 条。壳面花纹精细，每 10 微米 14 ～ 16 个。壳面中央点纹排列不规则。色素体多数，板状。每一个细胞具一个休止孢子。

地理分布及习性：北方或北极近海性种。太平洋东北部的数量极丰富。我国黄海、渤海春、冬季的数量较多。

照片来源：黄河三角洲地区邻近海域

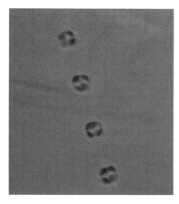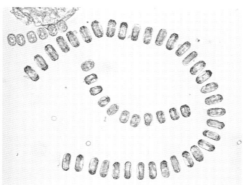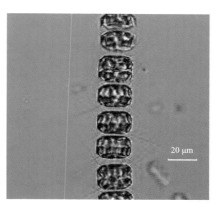

圆海链藻 *Thalassiosira gravida*

中文种名：圆海链藻

拉丁种名：*Thalassiosira gravida*

分类地位：硅藻门 / 中心纲 / 盘状硅藻目 / 海链藻科 / 海链藻属

识别特征：细胞圆筒形，中部略凹，直径 39 ~ 51 微米，壳轴约 10 微米。环面观扁长方形至长条形，四角略圆。壳面中央生一较粗的黏液丝，将相邻细胞连接成直的或略弯的链状群体。细胞壳套与环带之间有明显界限，环宽约 3 微米。色素体小而多，可形成球状的复大孢子。

地理分布及习性：温带浮游性种。黄海、渤海秋、冬季皆有出现。

照片来源：黄河三角洲地区邻近海域

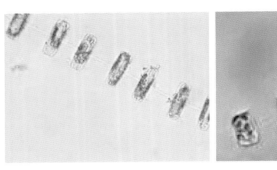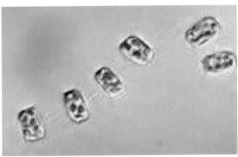

中肋骨条藻 *Skeletonema costatum*

中文种名：中肋骨条藻

拉丁种名：*Skeletonema costatum*

分类地位：硅藻门 / 中心纲 / 盘状硅藻目 / 骨条藻科 / 骨条藻属

识别特征：藻体细胞透镜形或短圆柱形，壁薄。以长链状群体（有时可达 50 个细胞以上）浮游生活。壳面圆，凸如冠状，直径 6 微米左右；壳面边缘生 1 圈管状长突起（支持突，一般为 10 条左右），以之与邻细胞的长突起相接而连成长链，连接结明显；两细胞的对应长突起一一相接或 1 细胞的长突起与邻细胞的 2 个长突起相接，使两细胞连接结的连线呈环状或折线状排列。色素体 1 个或 2 个，大肾形。复大孢子的直径常为其母细胞的 2 ~ 3 倍。

地理分布及习性：广温广盐性种，世界广布种，沿岸数量较多。黄海、渤海全年皆有出现，春、秋季数量较多。

照片来源：黄河三角洲地区邻近海域

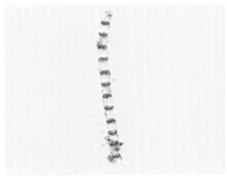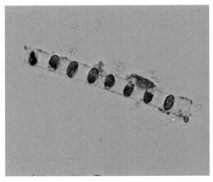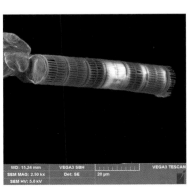

掌状冠盖藻 *Stephanopyxis palmeriana*

中文种名：掌状冠盖藻

拉丁种名：*Stephanopyxis palmeriana*

分类地位：硅藻门 / 中心纲 / 盘状硅藻目 / 骨条藻科 / 冠盖藻属

识别特征：细胞短圆柱形。壳面圆形，略鼓起，顶端平，直径 100 微米左右，边缘生 1 圈（16 ～ 20 条）带裂缝的刺，刺端稍粗与邻细胞的相应刺相遇后相结，连成短而直的链状群体。细胞环面扁长方形，角稍圆，有许多具纵裂筛室和由壳缘伸出的裂管状连结刺。本种仅有唇形突，无支持突。

地理分布及习性：暖水近岸性种，黄海、渤海夏、秋季皆有分布。

照片来源：黄河三角洲地区邻近海域

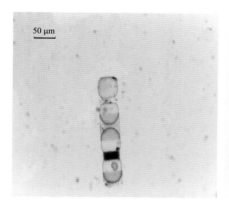

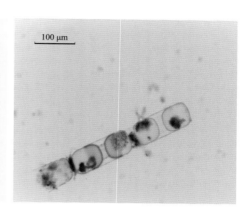

薄壁几内亚藻 *Guinardia flaccida*

中文种名：薄壁几内亚藻

拉丁种名：*Guinardia flaccida*

分类地位：硅藻门 / 中心纲 / 盘状硅藻目 / 细柱藻科 / 几内亚藻属

识别特征：藻体细胞长圆柱状，壳面圆形，边缘有 1 个或 2 个不明显的钝齿状突起。常以壳缘及齿状突与邻细胞相接成直链，因齿甚钝，故同一链上相邻两细胞间无明显空隙，几乎是直接以壳面相连接。环面有许多高 3 ～ 5 微米的环形间插带，连接处常呈领状。色素体呈颗粒状或棒状，多数。

地理分布及习性：热带近海浮游种。黄海、渤海夏、秋季常见，但冬季稀少。

照片来源：黄河三角洲地区邻近海域

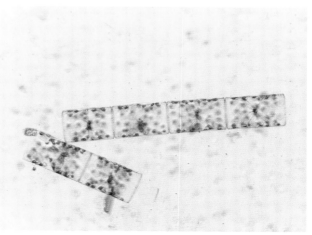

柔弱几内亚藻 *Guinardia delicatula*

中文种名：柔弱几内亚藻

拉丁种名：*Guinardia delicatula*

分类地位：硅藻门 / 中心纲 / 盘状硅藻目 / 细柱藻科 / 几内亚藻属

识别特征：藻体细胞短圆柱形，通常由数个细胞以壳面直接相连组成直形短链。壳面处生有一小刺，与链轴呈锐角向外伸出，并互相插入相邻细胞相对应的壳壁凹槽内。细胞直径 0.8 ～ 29.1 微米。间插带环状，但不易见到。色素体较大，板状，每细胞内少于 10 个。

地理分布及习性：温带近岸性种。黄海、渤海四季皆有出现，冬季数量较多。

照片来源：黄河三角洲地区邻近海域

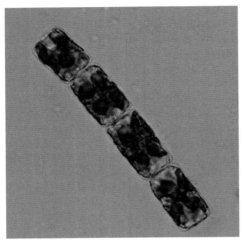  

斯氏几内亚藻 *Guinardia striata*

中文种名：斯氏几内亚藻

拉丁种名：*Guinardia striata*

分类地位：硅藻门 / 中心纲 / 盘状硅藻目 / 细柱藻科 / 几内亚藻属

识别特征：藻体细胞为呈弧形弯曲的圆柱形，通常由多个细胞的壳面相连，组成螺旋状群体。壳面近圆形而平。位于细胞弧形弯曲向外的一侧壳面边缘上生有小刺，离心射出。相连细胞的小刺对应插入细胞壳壁的凹沟内连成群体，壳套稍圆。细胞直径 27.6 ～ 39.7 微米。间插带领状，多数。细胞壁薄。色素体较大，呈卵圆形，数量多，贴近细胞壁分布。

地理分布及习性：广温、广盐性世界广布种。黄海、渤海全年皆有分布。

照片来源：黄河三角洲地区邻近海域

 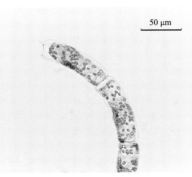 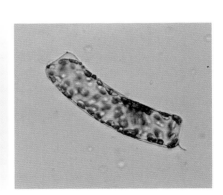

丹麦细柱藻 *Leptocylindrus danicus*

中文种名：丹麦细柱藻

拉丁种名：*Leptocylindrus danicus*

分类地位：硅藻门 / 中心纲 / 盘状硅藻目 / 细柱藻科 / 细柱藻属

识别特征：藻体细胞呈细长圆筒状，直径（顶轴长）10 微米左右，高（贯壳轴长）31 ～ 130 微米，高度为直径的 2 ～ 12 倍。以壳面相接连成细长或略带波状弯曲的细长细胞链。壳面圆形，平或略有凹凸。细胞壁薄。色素体呈小板状，数量一般不足 10 个。

地理分布及习性：温带近海浮游性种，世界广布种。黄海、渤海夏、秋两季较多。

照片来源：黄河三角洲地区邻近海域

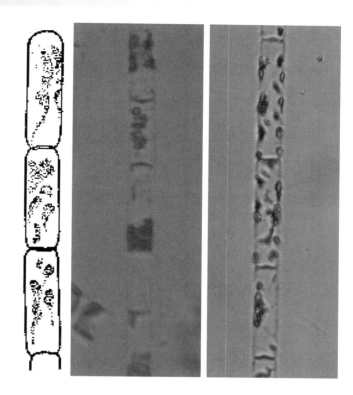

豪猪棘冠藻 *Corethron hystrix*

中文种名：豪猪棘冠藻

拉丁种名：*Corethron hystrix*

分类地位：硅藻门 / 中心纲 / 盘状硅藻目 / 棘冠藻科 / 棘冠藻属

识别特征：细胞短圆柱形，个体较大，壁薄而透明，两壳面呈半球形突起，直径 40 微米左右。贯壳轴长度一般约为直径的两倍。上、下壳边缘呈齿状，各生一圈（50 ～ 60 根）长 100 ～ 150 微米的长刺，刺上又生左右对称的小刺，长刺向末端逐渐变细，末端较钝。色素体多，呈小盘状，顺细胞贯壳轴排列，贴近细胞壁的环面。

地理分布及习性：广布性种。黄海、渤海均有分布。

照片来源：黄河三角洲地区邻近海域

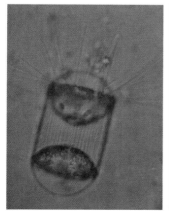 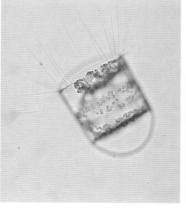 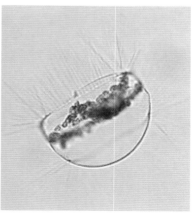

印度翼鼻状藻 *Proboscia indica*

中文种名：印度翼鼻状藻

拉丁种名：*Proboscia indica*

分类地位：硅藻门 / 中心纲 / 管状硅藻目 / 根管藻科 / 鼻状藻属

识别特征：本变型较翼鼻状藻粗壮，细胞直径 48.3 ～ 75.9 微米。壳面弯向细胞左侧或右侧，壳面上有明显凹痕（邻细胞壳面有凸起插入的痕迹）。细胞壁上花纹构造清楚，间插带形状变化较大，有菱形、鳞形和六角形，通常排成背腹两列，也有形成 3 ～ 4 个纵列的。色素体的数量多，呈颗粒状。

地理分布及习性：暖温带浮游性种，世界广布种。黄海、渤海夏、秋季常见分布。

照片来源：黄河三角洲地区邻近海域

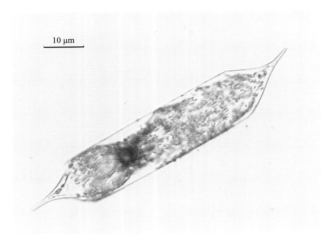
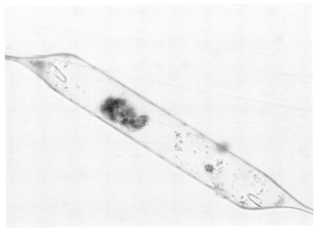

刚毛根管藻 *Rhizosolenia setigera*

中文种名：刚毛根管藻

拉丁种名：*Rhizosolenia setigera*

分类地位：硅藻门 / 中心纲 / 管状硅藻目 / 根管藻科 / 根管藻属

识别特征：藻体细胞圆柱状，细长，单个生活，偶尔组成短链，直径 13.8 ～ 15.5 微米。壳面斜圆锥形，稍倾斜。顶端生有一细长刺，刺自基部向外伸展一定距离仍然等粗，然后逐渐变细呈长刺状，刺实心。背腹面各有一纵列间插带，背腹面观，略呈六边形，侧面观间插带的分界线为锯齿形。细胞壁薄，壁上无明显花纹。色素体多，呈小椭圆形。

地理分布及习性：广温广盐性沿岸种，世界广布种。黄海、渤海全年皆有分布。

照片来源：黄河三角洲地区邻近海域

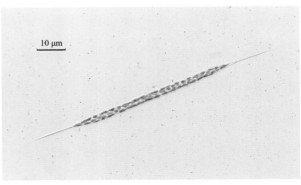

透明辐杆藻 *Bacteriastrum hyalinum*

中文种名：透明辐杆藻

拉丁种名：*Bacteriastrum hyalinum*

分类地位：硅藻门 / 中心纲 / 盒形硅藻目 / 辐杆藻科 / 辐杆藻属

识别特征：细胞细圆柱形，直径 13 ~ 76 微米（细胞直径随海域水温高低而异），高大于宽，连成直链，相邻细胞的间隙虽小，但明显可见。壳面略凸，从壳缘稍内方发射生出 6 ~ 12 条刺毛。链内刺毛基部较长，外段为略弯的二分叉。链两端刺毛同型，皆弯向链内，环面观为伞状，较链内刺毛粗壮，有呈螺旋形排列的小刺。相邻两细胞的休眠孢子成对生长（每个细胞中生 1 个休眠孢子），其初生壳呈壳缘略收缩的半球形，生细长的小刺，后生壳较平，无刺。

地理分布及习性：温带外洋浮游性种。黄海、渤海夏、秋季皆有出现。

照片来源：黄河三角洲地区邻近海域

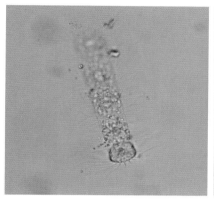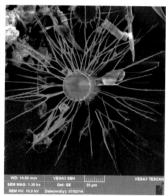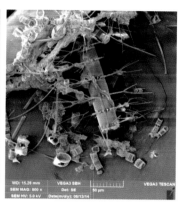

冕孢角毛藻 *Chaetoceros diadema*

中文种名：冕孢角毛藻

拉丁种名：*Chaetoceros diadema*

分类地位：硅藻门 / 中心纲 / 盒形硅藻目 / 角毛藻科 / 角毛藻属

识别特征：细胞链直或微弯，宽 15 ~ 70 微米。细胞宽环面长方形，角圆。壳面椭圆形，平或中部略凸。壳套高出细胞高度的 1/3，与环带相接处有小沟，链上细胞间隙呈纺锤形或近似哑铃形。角毛自细胞角以内生出，经一短距离后与邻细胞角毛相会，与链轴略垂直伸出并逐渐弯向链端。端角毛较其他角毛微粗，略与链轴平行伸出，末端向链轴两侧分开。色素体 1 个，呈大片状。

地理分布及习性：北方至北极近岸种。黄海、渤海秋、冬季有少量分布。

照片来源：黄河三角洲地区邻近海域

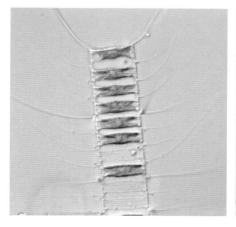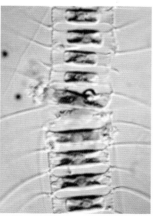

窄隙角毛藻 *Chaetoceros affinis*

中文种名：窄隙角毛藻

拉丁种名：*Chaetoceros affinis*

分类地位：硅藻门 / 中心纲 / 盒形硅藻目 / 角毛藻科 / 角毛藻属

识别特征：细胞链直，宽 7 ～ 37 微米。细胞宽环面长方形，角尖，相邻细胞的角常接触。壳面平或中央部分微凸，链端细胞壳面中央常生一小刺。壳套常高出细胞高度的 1/3。细胞间隙狭小，中央部分略窄，呈纺锤形或近长方形。角毛细，自细胞角生出后即与邻细胞角毛相会于一点，然后与细胞链轴垂直伸出，或渐弯向链端。短角毛较其他角毛粗壮，生 4 行小刺。有时链端角毛基部细，向外斜伸或垂直伸出时渐加粗，末端向内弯转入镰刀状，转弯处最粗。色素体 1 个，呈片状，靠近宽环面。

地理分布及习性：温带近岸性种。黄海、渤海早春、秋季大量出现。

照片来源：黄河三角洲地区邻近海域

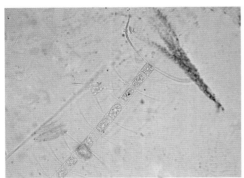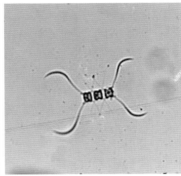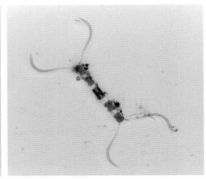

柔弱角毛藻 *Chaetoceros debilis*

中文种名：柔弱角毛藻

拉丁种名：*Chaetoceros debilis*

分类地位：硅藻门 / 中心纲 / 盒形硅藻目 / 角毛藻科 / 角毛藻属

识别特征：细胞链长，弯曲如螺旋状，宽 15 ～ 40 微米。细胞宽环面长方形，宽大于高，角圆。壳面长椭圆形，平或略凸。壳套小于细胞高度的 1/3。细胞间隙小，长条形。角毛细而弯，自细胞角稍向内伸出，经一短距离后，与邻细胞角毛相会，然后呈弧状弯曲，向螺旋状链凸起的方向与链轴垂直伸出。端角毛与其他角毛无明显区别。每个细胞靠近宽环面有一内包含蛋白核的色素体。

地理分布及习性：北温带近岸种。主要出现于黄海、渤海的冬、春两季。

照片来源：黄河三角洲地区邻近海域

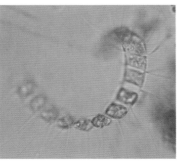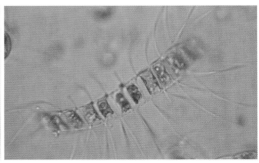

旋链角毛藻 *Chaetoceros curvisetus*

中文种名：旋链角毛藻
拉丁种名：*Chaetoceros curvisetus*
分类地位：硅藻门 / 中心纲 / 盒形硅藻目 / 角毛藻科 / 角毛藻属
识别特征：细胞链长，呈螺旋状弯曲，宽 7～26 微米。细胞借角毛基部交叉组成螺旋状的群体。宽壳环面为四方形，相邻两细胞角互相接触。壳面椭圆形，凹下，两边稍平。壳套小于细胞高度的 1/3。胞间隙纺锤形、椭圆形至圆形。角毛细而平滑，自细胞角生出即与邻细胞角毛粘接，皆弯向链凸的一侧，端角毛与其他角毛无明显的差别。色素体单个，位于壳面中央，内包一蛋白核。
地理分布及习性：广温性沿岸种。我国黄海、渤海春、夏、秋季均有分布。
照片来源：黄河三角洲地区邻近海域

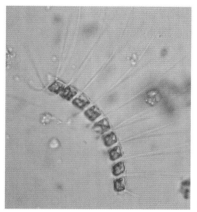 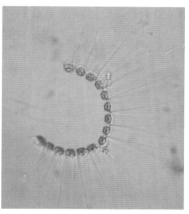 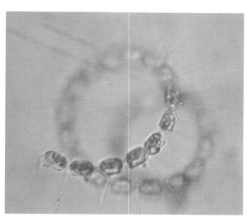

双孢角毛藻 *Chaetoceros didymus*

中文种名：双孢角毛藻
拉丁种名：*Chaetoceros didymus*
分类地位：硅藻门 / 中心纲 / 盒形硅藻目 / 角毛藻科 / 角毛藻属
识别特征：群体链直，宽 13～52 微米。细胞宽壳环面长方形，壳面椭圆形，中央生一半球形突起，宽环面观特别显著。胞间隙大，呈纺锤形或近圆形。角毛细长，着生四行小突起。角毛从细胞角缘射出，交叉于基部或远离细胞本体。端角毛与其他角毛相同或略粗，并着生细刺，以"V"形或"U"形向链端伸出。色素体 2 个，紧靠于壳的瘤状突起，内缘各有一蛋白核。
地理分布及习性：温带近岸性种。黄海、渤海夏季的数量较多。
照片来源：黄河三角洲地区邻近海域

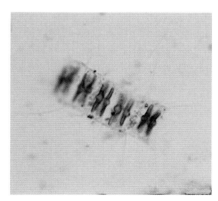 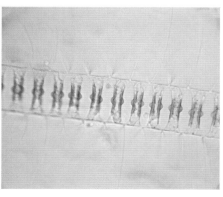 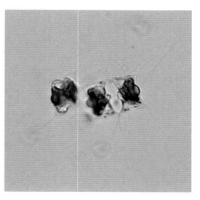

劳氏角毛藻 *Chaetoceros lorenzianus*

中文种名：劳氏角毛藻

拉丁种名：*Chaetoceros lorenzianus*

分类地位：硅藻门 / 中心纲 / 盒形硅藻目 / 角毛藻科 / 角毛藻属

识别特征：细胞链直而短，宽15～70微米。壳面狭椭圆形而平，中央部分略凹或略凸。细胞宽环面为长方形，角尖。细胞间隙多角形或椭圆形。角毛较短，硬而直；角毛基部交叉点短，较其他部分细，自交叉点后变粗；横断面为四角形，有4个棱，棱上纵生一行小刺；两棱间有发达的粗点纹布满整个角毛，端角毛尤其明显；角毛和细胞链轴呈垂直或倾斜伸出。每个细胞有4～10个盘状色素体。

地理分布及习性：暖水近岸种，分布广。黄海、渤海夏、秋季的数量较多。

照片来源：黄河三角洲地区邻近海域

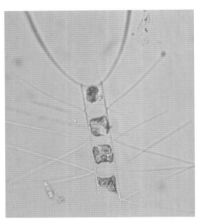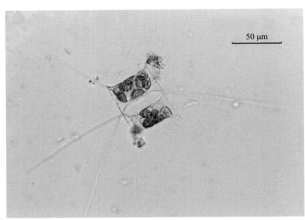

50 μm

圆柱角毛藻 *Chaetoceros teres*

中文种名：圆柱角毛藻

拉丁种名：*Chaetoceros teres*

分类地位：硅藻门 / 中心纲 / 盒形硅藻目 / 角毛藻科 / 角毛藻属

识别特征：细胞链直，宽18～26微米。宽环面观长方形，高大于宽，四角尖。壳面宽椭圆形几乎近于圆形，平或中部略凸。壳套低，与环带相接处不形成凹沟。细胞间隙长条形，有时甚窄。角毛细长，略呈弧形弯曲，自细胞角伸出即与邻细胞角毛相会，略与链轴垂直伸出，末端弯向链之一端。端角毛与其他角毛构造同。色素体小而多，呈盘状。

地理分布及习性：北温带或北方近岸种。黄海、渤海春、夏季皆有分布，但数量不多。

照片来源：黄河三角洲地区邻近海域

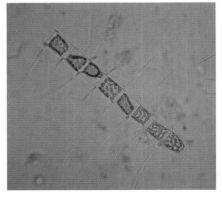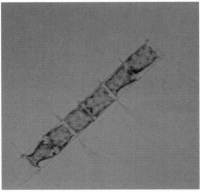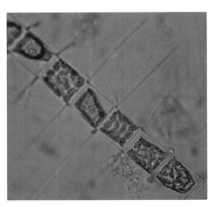

罗氏角毛藻 *Chaetoceros lauderi*

中文种名：罗氏角毛藻

拉丁种名：*Chaetoceros lauderi*

分类地位：硅藻门 / 中心纲 / 盒形硅藻目 / 角毛藻科 / 角毛藻属

识别特征：细胞宽环面观呈长方形或近正方形，宽 25 ~ 33 微米，壳套低，与环带间无凹沟。壳面平或中部略凸，细胞间隙扁长方形。链内角毛自细胞角伸出后即与邻细胞角毛相交，然后略与链轴垂直伸出，末梢弯向链侧。链端角毛较链内角毛稍粗，有稀疏排列的断刺（在显微镜下略呈波状），顺链轴方向弯向链端。色素体呈豆状 – 小棒状，数目多，充满细胞中。

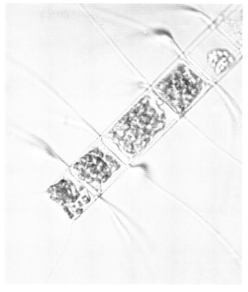

地理分布及习性：温带近岸种。黄海、渤海夏、秋季可见。

照片来源：黄河三角洲地区邻近海域

卡氏角毛藻 *Chaetoceros castracanei*

中文种名：卡氏角毛藻

拉丁种名：*Chaetoceros castracanei*

分类地位：硅藻门 / 中心纲 / 盒形硅藻目 / 角毛藻科 / 角毛藻属

识别特征：细胞链直而短，链上细胞及角毛常依链而扭转排列。细胞宽 8 ~ 30 微米，高 29 微米左右。细胞宽环面正方形或长方形。壳面平，椭圆形。壳套高出细胞高度的 1/3，与环带相接处有小凹沟。细胞间隙甚小。角毛略弯而粗壮，自细胞角生出约 18 微米的一段（约占角毛长度的 1/10）完全平滑，其后段生小刺，小刺逐渐变长，直到角毛末梢都布有 4 行长刺。角毛自细胞角梢内向各方生出，即与邻细胞的角毛紧密相会。因链上细胞向各方向扭转，故角毛亦随之向不同的方向伸出。端角毛与其他角毛相同。细胞及角毛内均有色素体，略圆，小而多。

地理分布及习性：温带近岸种。黄海、渤海春季常见。

照片来源：黄河三角洲地区邻近海域

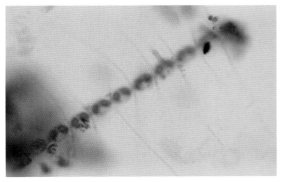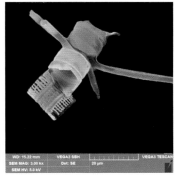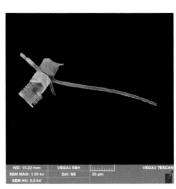

密连角毛藻 *Chaetoceros densus*

中文种名：密连角毛藻
拉丁种名：*Chaetoceros densus*
分类地位：硅藻门 / 中心纲 / 盒形硅藻目 / 角毛藻科 / 角毛藻属
识别特征：细胞链直且长（偶尔有单细胞生活者），宽 18 ~ 69.5 微米。细胞宽环面观四方形。壳面椭圆以至圆形。壳套小于或等于细胞高度的 1/3，与环带相接处有小凹沟。细胞间隙呈甚小的梭形，其中央部分仅高 3 ~ 5 微米。角毛长而较粗，直径在 3 微米左右，断面四角形，在着生基部少许距离外即生 4 行小刺，角毛自细胞角内生出后即与邻细胞角毛相会弯向链之下端。链两端细胞上壳面的形状与其上所生角毛的伸出方向，在各链上并不完全相同。色素体小而多，分布于角毛和细胞内。
地理分布及习性：温带外洋种，世界广布种。黄海、渤海春季大量出现。
照片来源：黄河三角洲地区邻近海域

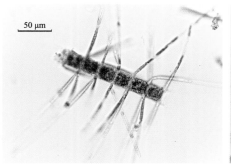  

中华齿状藻 *Odontella sinensis*

中文种名：中华齿状藻
拉丁种名：*Odontella sinensis*
分类地位：硅藻门 / 中心纲 / 盒形硅藻目 / 盒形藻科 / 齿状藻属
识别特征：大多数细胞单独生活，也有形成短链。细胞宽壳环面长方形或近方形，狭壳环面长椭圆形，壳套与壳环面之间没有凹缢。壳面椭圆形，中央平或稍凹，从细胞的四角伸出细长的棒状突起，平行于壳环轴或稍弯向细胞内侧，突起末端呈截形。突起内侧的壳面上有明显的小隆起，上面着生一根粗壮中空的刺毛，刺毛靠近并平行于突起，末端略向内弯曲，顶端有小分叉。色素体小而多，呈颗粒状。
地理分布及习性：浮游性种。黄海、渤海夏、秋季较为常见。
照片来源：黄河三角洲地区邻近海域

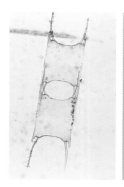 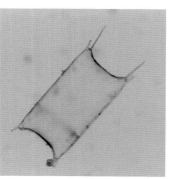 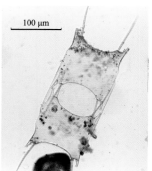 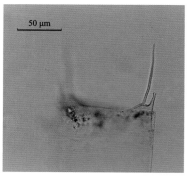

活动齿状藻 *Odontella mobiliensis*

中文种名：活动齿状藻

拉丁种名：*Odontella mobiliensis*

分类地位：硅藻门 / 中心纲 / 盒形硅藻目 / 盒形藻科 / 齿状藻属

识别特征：壳面椭圆形，扁平，顶轴长 40 ～ 80 微米，顶轴两极各生一较长的角，角直，上、下壳的角呈对角线伸出，角的内侧生长刺，伸出方向与角平行。细胞宽环面观略呈六角形，壳上部略收缩，中部平坦。壳套约占细胞高度的 1/4。细胞壁薄，有网状室纹，每 10 微米 14 ～ 16 个，环部孔纹较细，每 10 微米约 18 个。壳套与壳环之间虽无凹沟，但因两者的花纹粗细不同，而形成明显界限。色素体小呈颗粒状，数量多。

地理分布及习性：广温浮游性种。世界广布种。黄海、渤海春、秋季偶见，数量不多。

照片来源：黄河三角洲地区邻近海域

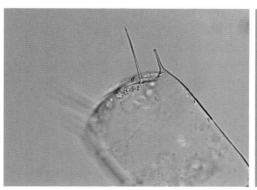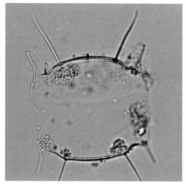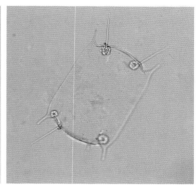

高齿状藻 *Odontella regia*

中文种名：高齿状藻

拉丁种名：*Odontella regia*

分类地位：硅藻门 / 中心纲 / 盒形硅藻目 / 盒形藻科 / 齿状藻属

识别特征：细胞壳环面观与中华齿状藻相似，但本种个体一般较瘦长，其顶轴长 90 ～ 340 微米。本种壳面突起较短，角内侧有小突起，上生小刺，长刺的着生处距角稍远，但又较活动齿状藻的刺距角更近。刺的中段常凸向细胞外方伸出，刺末端常呈杯状扩大。常以单个细胞浮游生活，极少见连成群体者。色素体小呈颗粒状，数量多。

地理分布及习性：暖温带至热带近海浮游种。黄海、渤海夏、秋季的数量较多。

照片来源：黄河三角洲地区邻近海域

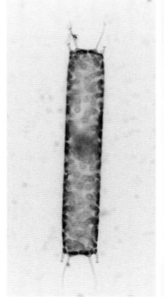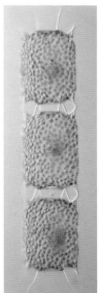

中华半管藻 *Hemiaulus sinensis*

中文种名： 中华半管藻

拉丁种名： *Hemiaulus sinensis*

分类地位： 硅藻门 / 中心纲 / 盒形硅藻目 / 盒形藻科 / 半管藻属

识别特征： 壳面宽椭圆形，面长轴（宽环面观）长 22 ~ 88 微米。面长轴两端各有一粗短的突起（角），其上生小爪，与邻细胞的突起连成直的、弯的或螺旋形的链。壳套高，与壳环交接处无明显凹沟。色素体小呈颗粒状，数量多。

地理分布及习性： 温带至热带浮游种。黄海、渤海夏、秋季常见。

照片来源： 黄河三角洲地区邻近海域

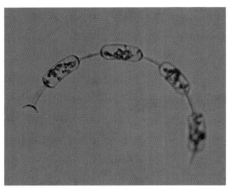 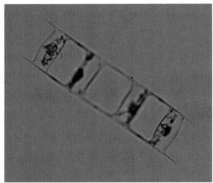 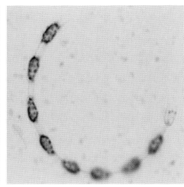

大洋角管藻 *Cerataulina pelagica*

中文种名： 大洋角管藻

拉丁种名： *Cerataulina pelagica*

分类地位： 硅藻门 / 中心纲 / 盒形硅藻目 / 盒形藻科 / 角管藻属

识别特征： 细胞环面观呈圆筒形。壳面有两个相对隆起（角），隆起相接，连成直的或略弯的链状群体，相邻细胞的间隙呈细长条形。壳面的这两个隆起低而明显，呈楔形，其基部有一条带横条的顶板，顶板是一黏合在隆起内面的、有凸起的、弯的或波状的膜。细胞环面有许多领状间插带，环面有呈直行排列的细纹。色素体小呈盘状，数量多。

地理分布及习性： 暖水近岸种。黄海、渤海偶见。

照片来源： 黄河三角洲地区邻近海域

 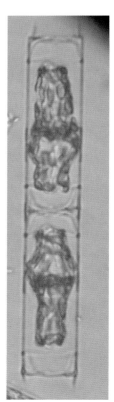

布氏双尾藻 *Ditylum brightwellii*

中文种名：布氏双尾藻
拉丁种名：*Ditylum brightwellii*
分类地位：硅藻门/中心纲/盒形硅藻目/盒形藻科/双尾藻属
识别特征：细胞呈短三棱柱状，少数呈圆状或方柱状，细胞壁薄而透明，常单个浮游生活。细胞宽14～60微米，高70～100微米，一般宽度明显小于高度。壳面平，通常为三角形。壳面边缘有一列小刺，与贯壳轴平行伸出为刺冠，中央有一末端呈截断形的中空大刺。大刺的周围有一小空白无纹区，其外围为放射排列的点纹，中央点纹较大，向外围点纹渐小。壳套宽，壳套上有顺贯壳轴排列的细密点纹。壳环面有鳞状间插带，具更细小的纵列点纹。色素体呈小颗粒状，数量多。
地理分布及习性：温带近海性浮游种，世界广布种。黄海、渤海全年均可见，秋季数量较多。
照片来源：黄河三角洲地区邻近海域

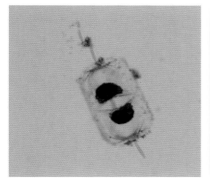  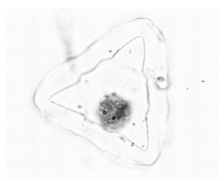

短角弯角藻 *Eucampia zodiacus*

中文种名：短角弯角藻
拉丁种名：*Eucampia zodiacus*
分类地位：硅藻门/中心纲/盒形硅藻目/真弯藻科/弯角藻属
识别特征：细胞壳环面呈"工"字形，一边长，一边略短。宽（顶轴）36～72微米，中部高（贯壳轴）6～32微米。形状大小变化很大，一般宽大于高。壳面为长椭圆形，中央凹入。中心有1个齿状缺刻。两极各有1个顶端截平的短角状突起，与邻细胞对应突起相连成螺旋链。胞间隙椭圆形至圆形。壳环面的点纹排列为放射条纹，每10微米有28～33条。节间带的环纹一般很少，随壳环轴的长度而增加。壳上点纹明显，呈放射状排列，每10微米有16～20个。点纹由中央向外缘逐渐变大。色素体数量多，呈小盘状。
地理分布及习性：近海、广温浮游性种，世界广布种。黄海、渤海常见，夏、秋季数量较多。
照片来源：黄河三角洲地区邻近海域

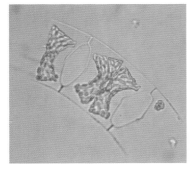 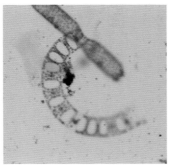 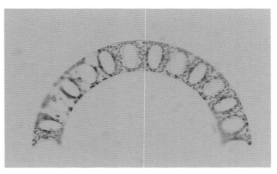

泰晤士旋鞘藻 *Helicotheca tamesis*

中文种名：泰晤士旋鞘藻

拉丁种名：*Helicotheca tamesis*

分类地位：硅藻门 / 中心纲 / 盒形硅藻目 / 真弯藻科 / 旋鞘藻属

识别特征：细胞壳面平，一般呈线形，中部略膨大，两端圆，有裂隙状小开口，常以壳面连成膜状群体，无细胞间隙。故显微镜下常呈环面观出现，极少见到壳面，细胞宽 40 ～ 120 微米。链内细胞常上、下壳面扭转 90°，使细胞链亦呈扭转状。细胞壁薄，硅质少。色素体呈小颗粒状，数量很多，常以细胞质丝相连，遍布于细胞内。

地理分布及习性：温带近岸性种，浮游广布种。渤海夏、秋季数量较多。

照片来源：黄河三角洲地区邻近海域

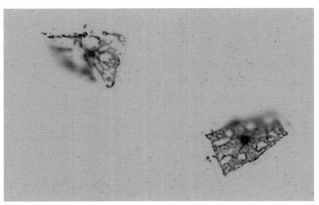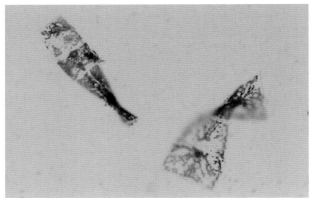

加拉星平藻 *Asteroplanus karianus*

中文种名：加拉星平藻

拉丁种名：*Asteroplanus karianus*

分类地位：硅藻门 / 羽纹纲 / 等片藻目 / 等片藻科 / 星平藻属

识别特征：细胞长 16 ～ 33 微米，环面观楔形，细胞相连成弧形或螺旋状群体，基端略扩大，游离端较窄，散射，但在细胞中部又有一些扩大，靠近基端明显缢缩。色素体数量多，呈小板状，分散在整个细胞内。

地理分布及习性：北方沿岸种。黄海、渤海春季有分布。

照片来源：黄河三角洲地区邻近海域

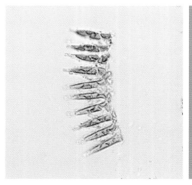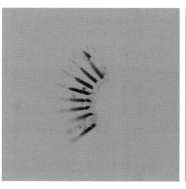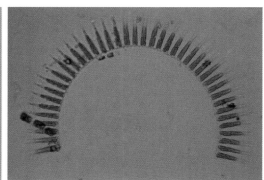

冰河拟星杆藻 *Asterionellopsis glacialis*

中文种名： 冰河拟星杆藻

拉丁种名： *Asterionellopsis glacialis*

分类地位： 硅藻门 / 羽纹纲 / 等片藻目 / 等片藻科 / 拟星杆藻属

识别特征： 细胞全长 50 ～ 120 微米，细胞以基端连成星状或螺旋状群体，细胞环面观似容量瓶，一端膨大呈三角形，宽 16 ～ 20 微米，另一端细长。色素体呈小板状，1 ～ 2 片，位于基端。

地理分布及习性： 广温性沿岸种，世界广布种。黄海、渤海春、冬季常见。

照片来源： 黄河三角洲地区邻近海域

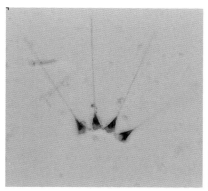  

伏氏海线藻 *Thalassionema frauenfeldii*

中文种名： 伏氏海线藻

拉丁种名： *Thalassionema frauenfeldii*

分类地位： 硅藻门 / 羽纹纲 / 等片藻目 / 等片藻科 / 海线藻属

识别特征： 细胞长棍形，长 80 ～ 280 微米，宽 2 ～ 6 微米。壳环面观棒状，两端截平，边缘有小刺，每 10 微米有 6 ～ 9 根。壳面观，两端钝圆，基端比头端窄，结果两端不同形，边缘有短点条纹。相邻细胞借助胶质连成星状或齿状群体。色素体呈小颗粒状，数量多。

地理分布及习性： 外洋广温性种，世界广布种。渤海冬、春季数量较多。

照片来源： 黄河三角洲地区邻近海域

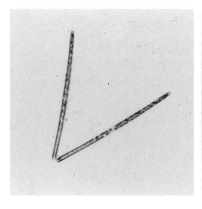 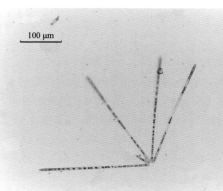 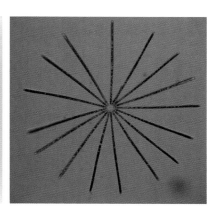

菱形海线藻 *Thalassionema nitzschioides*

中文种名：菱形海线藻

拉丁种名：*Thalassionema nitzschioides*

分类地位：硅藻门 / 羽纹纲 / 等片藻目 / 等片藻科 / 海线藻属

识别特征：细胞长 30 ～ 116 微米，宽 5 ～ 7 微米，以胶质相连成星形或锯齿状群体，常以壳环面出现。壳环面狭棒状，直或略弯曲。壳面呈棒状，两端圆钝，同形。壳缘有非常细小的刺，每 10 微米有 8 ～ 10 根。壳上两侧有短条纹。根据黏液分泌的位置，在壳面两端各具 1 个细小的黏液孔。色素体呈颗粒状，数量多。

地理分布及习性：温带沿岸种，世界广布种。黄海、渤海全年皆有分布，秋季较多。

照片来源：黄河三角洲地区邻近海域

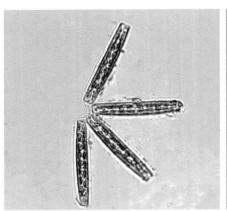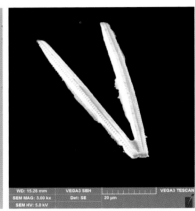

短纹楔形藻 *Licmophora abbreviata*

中文种名：短纹楔形藻

拉丁种名：*Licmophora abbreviata*

分类地位：硅藻门 / 羽纹纲 / 等片藻目 / 等片藻科 / 楔形藻属

识别特征：细胞壳面棒形，长 53 ～ 124 微米。点纹平行排列。拟壳缝窄。环面观楔形，窄端常分泌胶质附着于其他物体上，宽端游离。间插带弯曲，隔片长度占细胞长的 1/8 ～ 2/3。色素体呈小颗粒状，数量多。

地理分布及习性：沿岸附着性种，浮游生物群中亦可见。黄海、渤海秋季曾见。

照片来源：黄河三角洲地区邻近海域

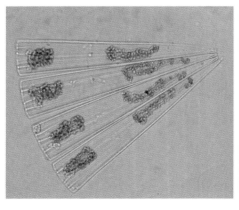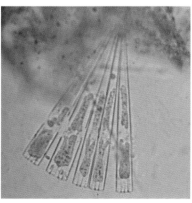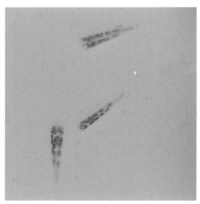

海洋斜纹藻 *Pleurosigma pelagicum*

中文种名：海洋斜纹藻

拉丁种名：*Pleurosigma pelagicum*

分类地位：硅藻门 / 羽纹纲 / 舟形藻目 / 舟形藻科 / 斜纹藻属

识别特征：壳面纺锤形，从中部向两端急剧变窄，端尖，壳面呈轻微 S 形，长 180 ~ 266 微米，宽 33 ~ 47 微米，长宽比为（5.5 ~ 5.7）：1。壳缝在中央，近端略偏心，但至顶端不偏心。斜点条纹呈 70° 交叉，每 10 微米有 15 ~ 16 条。横点条纹每 10 微米有 14 条。

地理分布及习性：世界广布种。渤海秋季偶见。

照片来源：黄河三角洲地区邻近海域

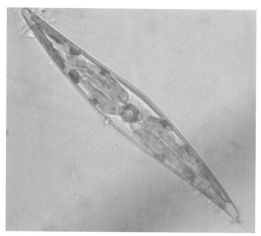 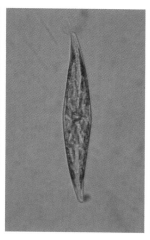 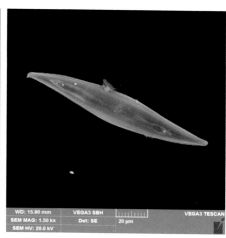

膜状缪氏藻 *Meuniera membranacea*

中文种名：膜状缪氏藻

拉丁种名：*Meuniera membranacea*

分类地位：硅藻门 / 羽纹纲 / 舟形藻目 / 舟形藻科 / 缪氏藻属

识别特征：藻体细胞宽环面长方形，壳套与环带之间有锯齿形小凹陷。壳面舟形，相邻细胞借壳面连成短直链。色素体呈长带状，2 个。

地理分布及习性：广温沿岸种，世界广布种。黄海、渤海冬、春季常见。

照片来源：黄河三角洲地区邻近海域

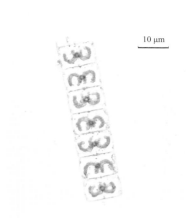 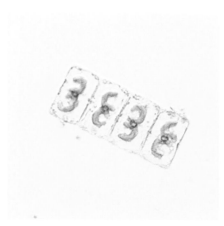 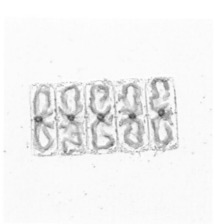

羽纹藻属 *Pinnularia* sp.

中文种名：羽纹藻属

拉丁种名：*Pinnularia* sp.

分类地位：硅藻门 / 羽纹纲 / 舟形藻目 / 舟形藻科 / 羽纹藻属

识别特征：壳面延长，一般为长棍状，有时中部或壳端膨大，壳缘呈波浪状。光学显微镜下，条纹为光滑的肋状纹，其上细胞内部有个椭圆形的开孔，从壳面观，两侧各形成一条纵线。中节明显，向内加厚似一圆锥形。壳缝构造复杂，直形或倾斜形，有的也近乎 S 形。细胞长方形，一般具宽的相连带。有两个色素体。

地理分布及习性：海水或淡水种。黄海、渤海可见。

照片来源：黄河三角洲地区邻近海域

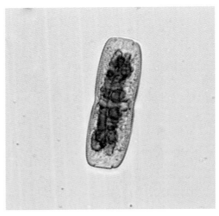 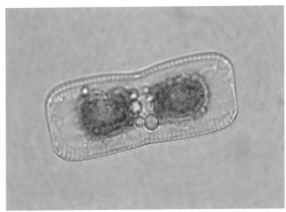

洛伦菱形藻 *Nitzschia lorenziana*

中文种名：洛伦菱形藻

拉丁种名：*Nitzschia lorenziana*

分类地位：硅藻门 / 羽纹纲 / 双菱藻目 / 菱形藻科 / 菱形藻属

识别特征：壳面细长，两端朝相异方向弯曲呈 S 形。长 130 ～ 190 微米，宽 6 ～ 7 微米。船骨点每 10 微米有 6 ～ 7 个。点条纹在壳面中央更明显，至两端排列更密。中央每 10 微米有 14 条。两端每 10 微米有 20 条。

地理分布及习性：底栖种，世界广布种。黄海、渤海可见。

照片来源：黄河三角洲地区邻近海域

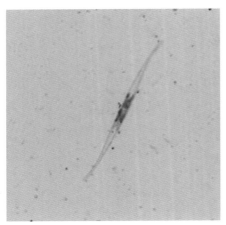 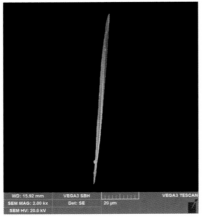 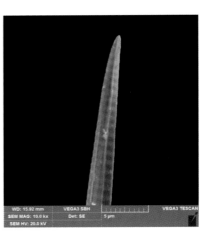

新月菱形藻 *Nitzschia closterium*

中文种名：新月菱形藻

拉丁种名：*Nitzschia closterium*

分类地位：硅藻门 / 羽纹纲 / 双菱藻目 / 菱形藻科 / 菱形藻属

识别特征：细胞小，单个生活。壳面长，中部膨大，两端尖细，并向同一方向弯曲如弓形。长 20 ～ 90 微米，船骨点每 10 微米有 7 个，点条纹不易见。色素体呈片状，2 个，位于细胞中央，细胞核两侧。

地理分布及习性：潮间带底栖常见种，但浮游生物群中常见，分布广。黄海、渤海皆有分布。

照片来源：黄河三角洲地区邻近海域

注：有的学者将该藻命名为新月柱鞘藻 *Cylindrotheca closterium*，两者同种异名。

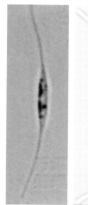  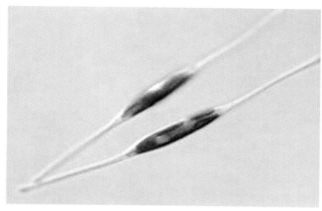 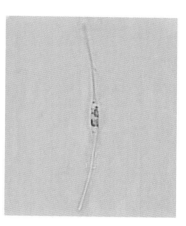

长菱形藻 *Nitzschia longissima*

中文种名：长菱形藻

拉丁种名：*Nitzschia longissima*

分类地位：硅藻门 / 羽纹纲 / 双菱藻目 / 菱形藻科 / 菱形藻属

识别特征：细胞单独生活，壳面中央膨大，两端细长，直伸。细胞长 415 微米，宽 4 ～ 13 微米。船骨点每 10 微米有 6 ～ 12 个；点条纹每 10 微米有 16 条。色素体 2 个，分布于细胞中央。本种与新月菱形藻相似，但本种细胞大，两端尖细部分伸展方向直。

地理分布及习性：潮间带种类，但常见于浮游生物群中。黄海、渤海均有分布。

照片来源：黄河三角洲地区邻近海域

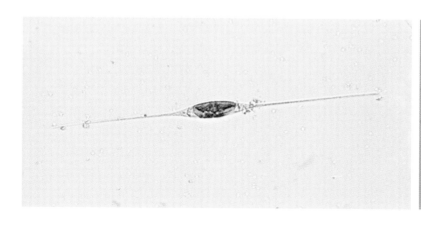 

尖刺伪菱形藻 *Pseudo-nitzschia pungens*

中文种名：尖刺伪菱形藻

拉丁种名：*Pseudo-nitzschia pungens*

分类地位：硅藻门 / 羽纹纲 / 双菱藻目 / 菱形藻科 / 伪菱形藻属

识别特征：细胞细长，呈梭形，末端尖。长 80 ～ 134 微米，宽 3.7 ～ 9 微米。细胞借末端相叠成链，相连部分达细胞长度的 1/4 ～ 1/3。船骨点每 10 微米有 9 ～ 13 个；点条纹与船骨点数目相同。每个细胞有 2 个色素体，位于细胞核两侧。

地理分布及习性：广温性近岸种。黄海、渤海沿岸均有分布。

照片来源：黄河三角洲地区邻近海域

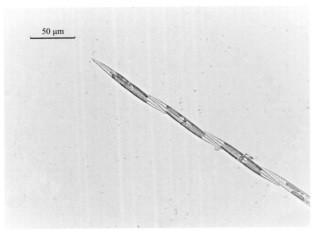 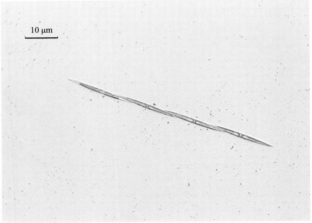

派格棍形藻 *Bacillaria paxillifera*

中文种名：派格棍形藻

拉丁种名：*Bacillaria paxillifera*

分类地位：硅藻门 / 羽纹纲 / 双菱藻目 / 菱形藻科 / 棍形藻属

识别特征：断面近方形。宽 5 ～ 9 微米，长 68 ～ 190 微米。彼此连接成 1 条滑动的带状群体。壳面两端尖。纵轴方向船骨点每 10 微米有 7 ～ 9 个；点条纹每 10 微米有 13 ～ 15 条。色素体数量多，呈小颗粒状，分散分布。细胞核在细胞中央。

地理分布及习性：沿岸种，分布在海水或半咸水中。黄海、渤海常年可见。

照片来源：黄河三角洲地区邻近海域

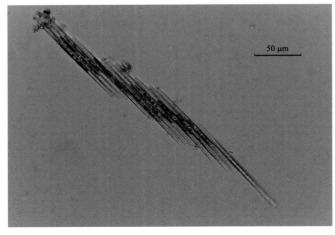 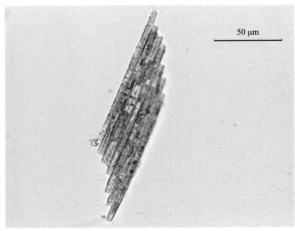

小等刺硅鞭藻 *Dictyocha fibula*

中文种名：小等刺硅鞭藻

拉丁种名：*Dictyocha fibula*

分类地位：金藻门 / 硅鞭藻纲 / 硅鞭藻目 / 硅鞭藻科 / 等刺硅鞭藻属

识别特征：藻体单细胞，球形，前端有 1 条鞭毛，细胞内有硅质骨骼，外面被原生质包裹，原生质内含有许多金褐色的叶绿体。骨骼坚硬，分为基环、基支柱和中心柱。基环呈正方形或菱形，顶角有一放射棘。基环近中央处有基支柱伸出，并与中心柱连接，形成 4 个基窗。

地理分布及习性：世界广布种。黄海、渤海均有分布，但数量较少。

照片来源：黄河三角洲地区邻近海域

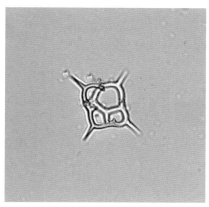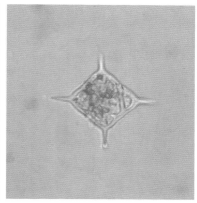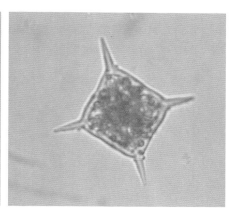

赤潮异弯藻 *Heterosigma akashiwo*

中文种名：赤潮异弯藻

拉丁种名：*Heterosigma akashiwo*

分类地位：黄藻门 / 黄藻纲 / 异丝藻目 / 异鞭藻科 / 异弯藻属

识别特征：藻体为单细胞，浮游生活。细胞体黄褐色至褐色，无细胞壁，由周质膜包被，故细胞形状变化很大。细胞一般略呈椭圆形，长 8 ~ 25 微米，宽 6 ~ 15 微米，厚度变化大。

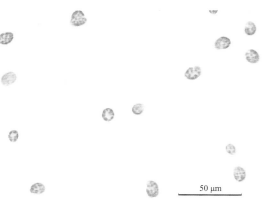

50 μm

细胞腹部略凹，在细胞一端近体长的 1/4 ~ 1/3 处生一短沟状的斜凹陷，自此凹陷的底部生出两条不等长的鞭毛，长者约为细胞长度的 1.3 倍，短者为其 0.7 ~ 0.8 倍。藻体活动时，此两鞭毛常弯曲或与细胞长轴垂直伸出。细胞核略呈圆形，位于细胞中部。在每个细胞的近细胞膜处，有 8 ~ 20 个棕黄色的大盘状色素体，各色素体内均有一蛋白核。无眼点，有许多无色透明的油粒。

地理分布及习性：近岸种，世界广布种。黄海、渤海可见。

照片来源：黄河三角洲地区邻近海域

螺旋环沟藻 *Gyrodinium spirale*

中文种名： 螺旋环沟藻

拉丁种名： *Gyrodinium spirale*

分类地位： 甲藻门 / 甲藻纲 / 裸甲藻目 / 裸甲藻科 / 环沟藻属

识别特征： 藻体纺锤形，营单细胞游泳生活。细胞长 55 ~ 80 微米，宽 22 ~ 32 微米，上锥顶端尖，细胞中央部的横切面为近圆形，下锥侧面观与上锥相似，但腹面观较宽且底部略圆。横沟较窄，深陷入细胞，从细胞上锥部的近中央处开始，向左螺旋状地绕细胞一周直达下锥的近中央处，横沟始末位移约为细胞长度的一半。纵沟窄且浅，从上锥部的横沟始点处开始歪扭下行直达下锥部的底端。横鞭毛沿横沟绕细胞一周，纵鞭毛孔在横鞭毛孔的略下方，纵鞭毛由此生出并向后延伸。细胞表面有清晰的纵向条纹贯穿细胞全体。细胞核卵圆形，近于近中央处。无光合色素，下锥部常有细胞内含物。

地理分布及习性： 世界广布种，常见于温带和亚热带海域。渤海偶见。

照片来源： 黄河三角洲地区邻近海域

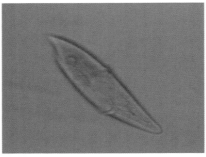

具尾鳍藻 *Dinophysis caudata*

中文种名： 具尾鳍藻

拉丁种名： *Dinophysis caudata*

分类地位： 甲藻门 / 甲藻纲 / 鳍藻目 / 鳍藻科 / 鳍藻属

识别特征： 藻体大，体形不规则，易变，侧面观扁平。细胞长 70 ~ 100 微米，宽 39 ~ 51 微米。壳板厚，表面布满细密的鱼鳞状网纹，每个网纹中有小孔。上壳低矮，略凸或凹。下壳长，后部延伸成细长而圆的突出。细胞最大宽度在壳的中央或以下。横沟平或稍凹，比上壳宽，上边翅向上伸展呈漏斗形，具辐射状肋；下边翅窄，向上伸展，无肋，左沟边翅几乎是细胞长度的 1/2，并有3 条肋支撑，右沟边翅后端逐渐缩小近似三角形。

地理分布及习性： 世界广布种，主要出现在热带、亚热带海域。黄海、渤海偶见。

照片来源： 黄河三角洲地区邻近海域

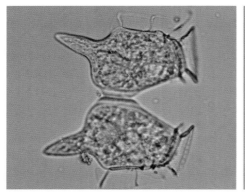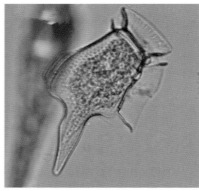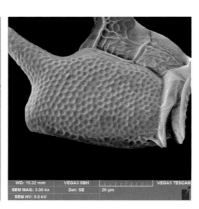

倒卵形鳍藻 *Dinophysis fortii*

中文种名：倒卵形鳍藻
拉丁种名：*Dinophysis fortii*
分类地位：甲藻门 / 甲藻纲 / 鳍藻目 / 鳍藻科 / 鳍藻属
识别特征：细胞个体中等大小，体长 56 ～ 83 微米，宽 40 ～ 54 微米，阔卵圆形，后体部宽大。背缘卷曲，腹缘几乎平直。左沟边翅很长，可达整个细胞的 4/5，右沟边翅完全。细胞表面有很多深孔状物质，每个内部具有 1 个小孔。
地理分布及习性：世界广布种，分布于浅海，寒带至热带水域。渤海可见。
照片来源：黄河三角洲地区邻近海域

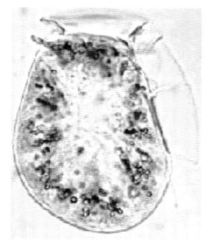 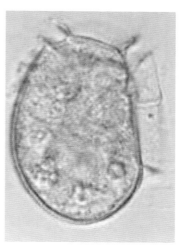

夜光藻 *Noctiluca scintillans*

中文种名：夜光藻
拉丁种名：*Noctiluca scintillans*
分类地位：甲藻门 / 甲藻纲 / 夜光藻目 / 夜光藻科 / 夜光藻属
识别特征：藻体近圆球形，游泳生活，细胞直径为 150 ～ 2 000 微米，肉眼可见。细胞壁透明，由两层胶状物质组成，表面有许多微孔。口腔位于细胞前端，上面有 1 条长的触手，触手基部有 1 条短小的鞭毛，靠近触手的齿状突出横沟有退化的痕迹；纵沟在细胞的腹面中央。细胞背面有一杆状器，使细胞做前后游动。细胞内原生质淡红色，细胞核小球形，由中央原生质包围。
地理分布及习性：世界性赤潮种。黄海、渤海常见，冬季数量较多。
照片来源：黄河三角洲地区邻近海域

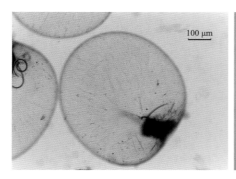 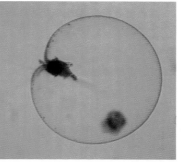 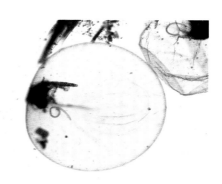

具刺膝沟藻 *Gonyaulax spinifera*

中文种名：具刺膝沟藻

拉丁种名：*Gonyaulax spinifera*

分类地位：甲藻门 / 甲藻纲 / 膝沟藻目 / 膝沟藻科 / 膝沟藻属

识别特征：细胞小型，藻体长 30 ～ 60 微米，宽 20 ～ 50 微米，横沟左旋下降至少 2 倍横沟宽度并形成凸出。上壳角状、圆锥形，顶角缓和、平截。腹孔在第 2 前间插板和第 3 顶板之间，而非第 1 顶板右边缘。两个底刺明显。本种可产生多态孢囊，这一分类单元可表示几个种或亲缘种。

地理分布及习性：世界广布种，主要分布在浅海、河口、大洋。黄海、渤海皆有分布。

照片来源：黄河三角洲地区邻近海域

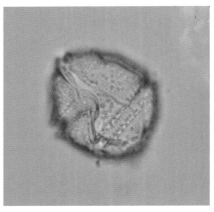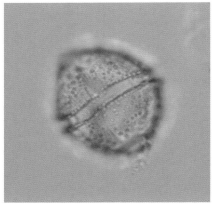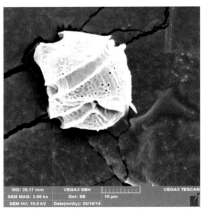

海洋原多甲藻 *Protoperidinium oceanicum*

中文种名：海洋原多甲藻

拉丁种名：*Protoperidinium oceanicum*

分类地位：甲藻门 / 甲藻纲 / 膝沟藻目 / 多甲藻科 / 多甲藻属

识别特征：细胞巨大，藻体长 150 ～ 240 微米，宽 100 ～ 140 微米。第 2 间插板四边形，底角细长分叉，右后角比左后角长，横沟略左旋。

地理分布及习性：世界广布种，温带、热带沿岸和大洋种。黄海、渤海皆有分布。

照片来源：黄河三角洲地区邻近海域

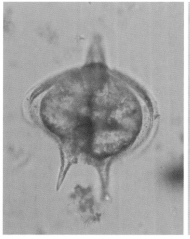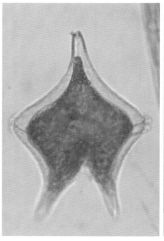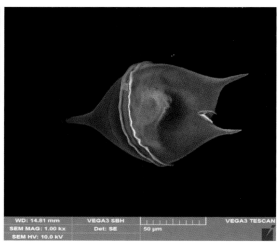

五角原多甲藻 *Protoperidinium pentagonum*

中文种名：五角原多甲藻

拉丁种名：*Protoperidinium pentagonum*

分类地位：甲藻门 / 甲藻纲 / 膝沟藻目 / 多甲藻科 / 多甲藻属

识别特征：细胞中等大小，五角形，左右不对称，左半边比右半边略小。藻体长宽相近，75～1000微米。后部边缘平截，具短小的底支持棘，后角不发达。横沟左旋，凹陷，有明显的边翅；纵沟向右端逐渐变宽，不延伸到底；细胞在横纵沟交叉部位呈肾形。腹面观上壳具两条隆起线，彼此较靠近，形成 V 形骨缝。

地理分布及习性：广温、广盐种，主要分布在近岸，河口也有出现，世界范围种。黄海、渤海皆有出现。

照片来源：黄河三角洲地区邻近海域

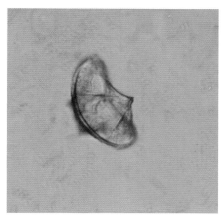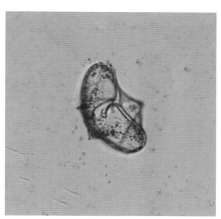

三角角藻 *Ceratium tripos*

中文种名：三角角藻

拉丁种名：*Ceratium tripos*

分类地位：甲藻门 / 甲藻纲 / 膝沟藻目 / 角藻科 / 角藻属

识别特征：细胞个体较大，宽60～93微米。前体部相当短，常只有直径长度的一半，左侧边少许凸出，右侧边凸出明显。后体部与前体部等长或略长，左侧边一般凹入。3 个角均很粗壮，顶角基部较后角为宽，一般右角比左角显著细弱，后角尖端与顶角歧分，但也有时两后角与顶角平行或有时相交。外壳较厚，有不规则纵纹和小孔。

地理分布及习性：世界广布种。黄海、渤海常见。

照片来源：黄河三角洲地区邻近海域

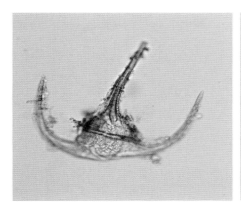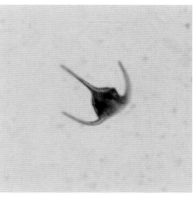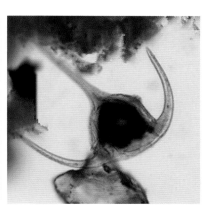

梭角藻 *Ceratium fusus*

中文种名：梭角藻

拉丁种名：*Ceratium fusus*

分类地位：甲藻门 / 甲藻纲 / 膝沟藻目 / 角藻科 / 角藻属

识别特征：藻体细长，前后延伸，直或轻微弯曲，有一个前角和两个后角，右后角常退化。藻体长300 ～ 550微米，宽15 ～ 29微米。横沟部位最宽，几乎位于细胞的中部，上体向前端逐渐变细，延长成狭长的顶角。下体向底端渐渐变细成瘦长的左右角，右后角极短小或退化。两后角间凹陷为纵沟。壳表面由许多不规则的脊状网纹和刺胞孔覆盖。细胞核位于上壳，细胞内含物有黄褐色、圆盘状的叶绿体等。

地理分布及习性：世界广布种，热带和寒带均有分布。黄海、渤海广泛分布。

照片来源：黄河三角洲地区邻近海域

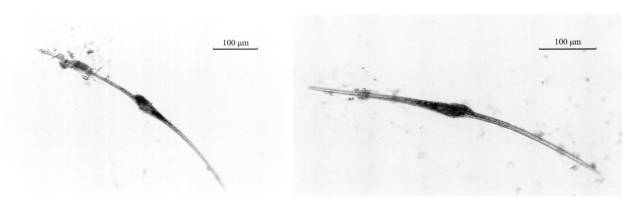

大角三趾藻 *Tripos macroceros*

中文种名：大角三趾藻

拉丁种名：*Tripos macroceros*

分类地位：甲藻门 / 甲藻纲 / 膝沟藻目 / 角藻科 / 三趾藻属

识别特征：细胞外观像带有棱角的盒子，顶角指向右侧，藻体宽为42 ～ 57微米。下锥部左右角宽度基本相同，从藻体上显著伸出，一直延伸至后体，几乎到达弯曲部。左角向前弯曲，右角向后弯曲差不多与顶角平行。

地理分布及习性：寒带至热带的大洋及沿岸种，世界广布种。黄海、渤海皆有分布。

照片来源：黄河三角洲地区邻近海域

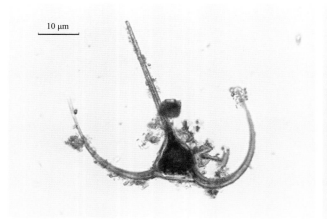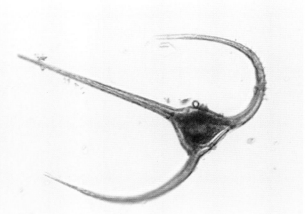

叉状三趾藻 *Tripos furca*

中文种名：叉状三趾藻
拉丁种名：*Tripos furca*
分类地位：甲藻门 / 甲藻纲 / 膝沟藻目 / 角藻科 / 三趾藻属
识别特征：藻体较长，前后延伸，上体部长，略呈等腰三角形，向前端延伸逐渐变细，形成开孔的顶角。体长 100 ～ 200 微米，宽 30 ～ 50 微米。顶角与上体部无明显的分界线。横沟部位最宽，呈环状，平直，细胞腹面中央为斜方形。下体部短，两侧平直或略弯，底缘由右向左倾斜，2 个后角呈叉状向体后直伸出，左、右角近乎平行，末端尖而封闭，左后角比右后角长而稍粗壮。壳板较厚，有许多不规则的脊状网纹和刺胞孔覆盖。细胞核呈球形，位于上体部。色素体多，呈黄褐色，颗粒状。
地理分布及习性：世界广布种，典型的沿岸表层性种，广泛分布于热带和寒带海洋。黄海、渤海常见。
照片来源：黄河三角洲地区邻近海域

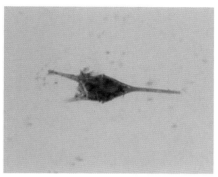 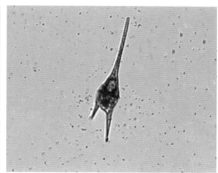 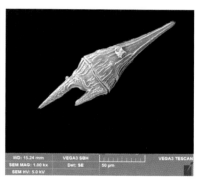

海洋原甲藻 *Prorocentrum micans*

中文种名：海洋原甲藻
拉丁种名：*Prorocentrum micans*
分类地位：甲藻门 / 甲藻纲 / 原甲藻目 / 原甲藻科 / 原甲藻属
识别特征：藻体主要由两块壳板、顶刺、鞭毛孔和两条鞭毛等组成。细胞形状多变，壳面观呈卵形、亚梨形或近乎圆形。体长 42 ～ 70 微米，宽度 22 ～ 50 微米，顶刺长 6 ～ 8 微米。细胞前端圆，后端尖，藻体中部最宽，顶刺尖生，顶生，翼片呈三角形，副刺短，鞭毛孔多个，位于细胞前端。两壳板厚，坚硬，表面覆盖着许多排列规则、凹陷的刺丝胞孔。藻体内细胞核呈 "U" 形，位于细胞后半部。色素体两个，褐色，呈板状。
地理分布及习性：世界广布种。黄海、渤海皆有出现。
照片来源：黄河三角洲地区邻近海域

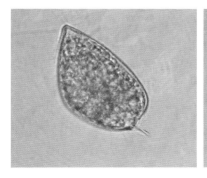 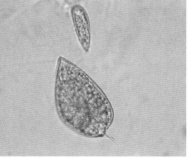 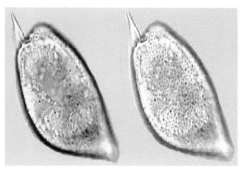

不列颠鲍螅水母 *Bougainvillia britannica*

中文种名：不列颠鲍螅水母

拉丁种名：*Bougainvillia britannica*

分类地位：刺胞动物门 / 水螅纲 / 丝螅水母目 / 鲍螅水母科 / 鲍螅水母属

识别特征：伞近球形，高微大于宽，高可达 12 毫米，宽达 10 毫米，胶质厚，内伞腔宽敞，伞缘方形；垂管短而宽，横断面呈"十"字形状，无胃柄；4 条口触手，每条口触手远端分 4 ~ 6 叉，末端有刺丝囊球；生殖腺在垂管的纵辐位；主辐位的 4 个缘基球呈三角形，其大小约为缘基球间隔宽度的 1/2，每个缘基球有 12 ~ 17 条细长触手，有时可达 30 条触手（较易脱落），每条触手基部的向轴位有一长线形眼点；缘膜中等宽。

地理分布及习性：近岸广温上层种；中国沿海常见种，渤海至南海北部均有分布；一般出现于夏、秋、冬季。

照片来源：黄河三角洲地区邻近海域

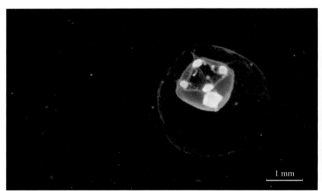
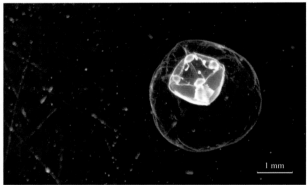

灯塔水母 *Turritopsis nutricula*

中文种名：灯塔水母

拉丁种名：*Turritopsis nutricula*

分类地位：刺胞动物门 / 水螅纲 / 丝螅水母目 / 棒螅水母科 / 灯塔水母属

识别特征：伞呈钟形，伞高 3 ~ 8 毫米，宽 2.5 ~ 7.5 毫米，伞顶胶质厚；垂管宽大，横切面呈"十"字形，约占内伞腔深度的 2/3，无胃柄；口有 4 个向上卷曲的口唇，唇缘具有 1 列无柄球状刺丝囊束；生殖腺发达，位于垂管间辐位，呈橘黄色，成熟雌性个体有正在发育的胚胎和浮浪幼体；伞缘有 80 ~ 120 条触手，从紧密排列的触手基球伸出，触手基球内侧具有红褐色或黄褐色的向轴位眼点。

地理分布及习性：环热带种；在我国海域有广泛分布，渤海至南海北部均有分布；出现于 3—11 月，7—8 月为繁殖期。

照片来源：黄河三角洲地区邻近海域

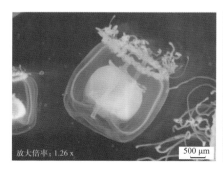
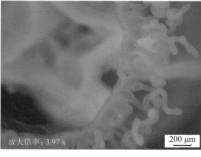
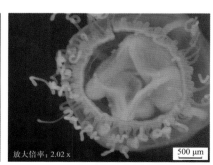

八斑芮氏水母 *Rathkea octopunctata*

中文种名：八斑芮氏水母

拉丁种名：*Rathkea octopunctata*

分类地位：刺胞动物门 / 水螅纲 / 丝螅水母目 / 唇腕水母科 / 芮氏水母属

识别特征：伞高 3 ~ 4 毫米，高略大于宽；伞呈梨形，有实心顶突；胃短，长方形，具有锥形的胃柄；生殖腺围绕在胃壁上，能生出水母芽；4 个口腕触手的末端分 1 ~ 2 对；伞缘有 8 条触手，在成熟个体的触手球（主辐位）上有 3 ~ 5 条触手，而在间辐位触手球上只有 3 条触手；每个触手球均无眼点，但具有黑色色素；4 条辐管，1 条环管；缘膜正常。

地理分布及习性：北温带暖温种；从渤海到台湾海峡均有分布，有时数量很多；在中国海域出现于冬、春季。

照片来源：黄河三角洲地区邻近海域

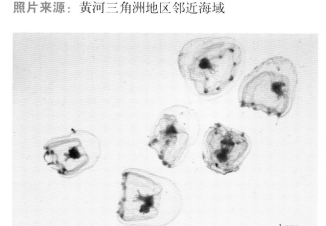

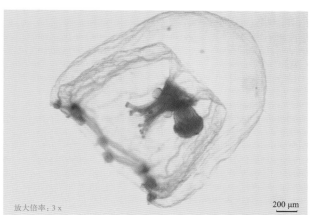

四枝管水母 *Proboscidactyla flavicirrata*

中文种名：四枝管水母

拉丁种名：*Proboscidactyla flavicirrata*

分类地位：刺胞动物门 / 水螅纲 / 丝螅水母目 / 枝管水母科 / 枝管水母属

识别特征：伞呈半球形，稍扁平，伞高 5 ~ 7 毫米，宽 3.5 ~ 5.5 毫米，顶部胶质厚；主辐管 4 条，每条辐管通到伞缘，有 7 ~ 14 条分枝，每一辐管的分枝数目也不一样；每个分枝末端有 1 条触手，一般有 32 ~ 52 条触手，触手短，空心，触手呈球形，中央有黑色色素；每 2 条触手间有 1 个刺丝囊体；没有环管；缘膜狭窄；垂管较短，伸展时可与伞缘齐平，口唇多褶皱；4 个生殖腺，生在垂管上，其一部分延伸至辐管。

地理分布及习性：近岸暖温表层种；渤海、黄海、东海均有分布；我国海域一年四季均有出现。

照片来源：黄河三角洲地区邻近海域

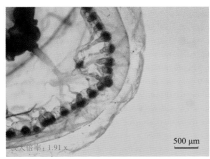

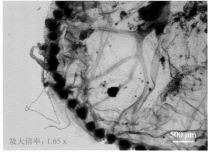

真囊水母 *Euphysora bigelowi*

中文种名：真囊水母

拉丁种名：*Euphysora bigelowi*

分类地位：刺胞动物门 / 水螅纲 / 头螅水母目 / 棒状水母科 / 真囊水母属

识别特征：伞钟形，具大的锥形顶突，伞高可达 13 毫米，有或无顶管；垂管圆柱形，其长度达内伞腔高度的 2/3，口环状；生殖腺环绕垂管上，雌性个体具突出卵，分布在整个垂管壁上；4 条辐管和 1 条环管较细；主触手细长，基部呈球形，触手向轴或单侧具有 10 ～ 30 个大的刺丝囊球，触手末端呈球状，另 3 个主辐位触手基球具有短而逐渐变细的触手。

地理分布及习性：近岸暖水上层种；渤海至南海均有分布；出现于 3—12 月。

照片来源：黄河三角洲地区邻近海域

放大倍率：1.85 x　　　　500 μm

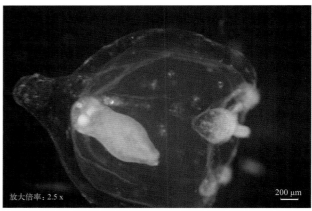

放大倍率：2.5 x　　　　200 μm

锥形多管水母 *Aequorea conica*

中文种名：锥形多管水母

拉丁种名：*Aequorea conica*

分类地位：刺胞动物门 / 水螅纲 / 锥螅水母目 / 多管水母科 / 多管水母属

识别特征：伞高于半球形，略呈圆锥状，伞宽 9 毫米，高 10 ～ 12 毫米，胶质十分厚，内伞无一系列胶质乳突；胃约为伞径的 1/2，常宽又平，胃外侧无瘤状突起；口唇细长，具有 1 条内沟，这条沟沿着胃内部与辐管相连；约有 16 条辐管；生殖腺位于辐管的近胃处，侧扁，其长度小于辐管的 1/2；26 ～ 30 条触手和许多缘疣，触手基部锥形，无排泄乳突；平衡囊约为触手数的 2 倍，每个平衡囊有 2 个平衡石。

地理分布及习性：近岸暖水种；我国近海常见种类，渤海较少见；出现于 3—11 月。

照片来源：黄河三角洲地区邻近海域

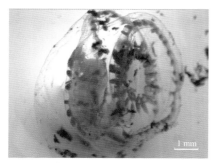

1 mm

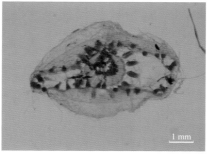

1 mm

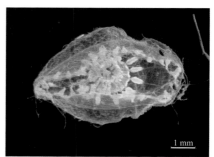

1 mm

锡兰和平水母 *Eirene ceylonensis*

中文种名：锡兰和平水母

拉丁种名：*Eirene ceylonensis*

分类地位：刺胞动物门 / 水螅纲 / 锥螅水母目 / 和平水母科 / 和平水母属

识别特征：伞呈半球形或稍超过半球形，伞宽 15 ～ 25 毫米。胃柄长，狭窄，柱状；胃小，口有 4 个褶皱口唇。生殖腺线状，从胃柄基部延伸到伞缘。伞缘触手数目变化很大，通常为 19 ～ 118 条；触手短，有排泄孔；缘疣没有或数量不多；很少或没有未发育的触手芽；无侧丝或缘丝。每两条触手之间有 1 ～ 2 个平衡囊，通常各具 1 个平衡石。

地理分布及习性：近岸暖水种；渤海直达南海北部广泛分布；全年均有出现。

照片来源：黄河三角洲地区邻近海域

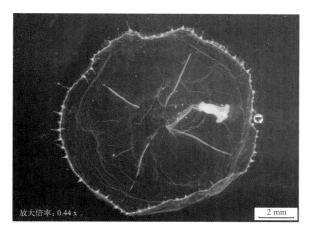
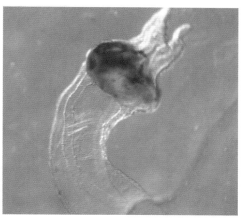

卡玛拉水母 *Malagazzia carolinae*

中文种名：卡玛拉水母

拉丁种名：*Malagazzia carolinae*

分类地位：刺胞动物门 / 水螅纲 / 锥螅水母目 / 玛拉水母科 / 玛拉水母属

识别特征：伞宽 14 ～ 20 毫米，伞近半球形，上部胶质层较厚；垂管瓶状，口唇简单，4 条辐管（有时 3 ～ 5 条或达 8 条），环管 1 条；生殖腺呈线状或长带状，位于近伞缘的辐管上；16 ～ 32 条发达触手，每 2 条触手间通常有 3 个缘疣，居中者最大，触手和缘疣具有排泄乳突；每 2 条触手间有 4 ～ 5 个平衡囊，每个平衡囊一般各有 2 个平衡石。

地理分布及习性：近岸暖水上层种；我国渤海至南海均有分布；出现于 3—11 月。

照片来源：黄河三角洲地区邻近海域

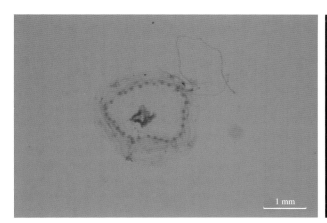
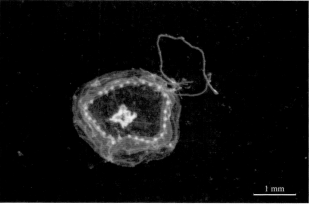

嵊山秀氏水母 *Sugiura chengshanense*

中文种名：嵊山秀氏水母

拉丁种名：*Sugiura chengshanense*

分类地位：刺胞动物门 / 水螅纲 / 锥螅水母目 / 秀氏水母科 / 秀氏水母属

识别特征：伞高 3.5 ~ 4 毫米，宽 5 ~ 6 毫米；伞扁平，椭圆形（幼体圆形）；垂管可多达 6 条；辐管通常 4 条，但有时有多条辐管，成熟个体辐管通常与环管相连，但可见到不完全的辐管和盲管，无向心管，所有的辐管由垂管发出；生殖腺卵圆形，位于近伞缘或辐管中部；缘触手多，大小相同，具排泄乳突；有许多缘疣和平衡囊，通常有 1 个平衡石。

地理分布及习性：近岸暖温性种类；渤海至南海北部均有分布；常出现于秋、冬、春季。

照片来源：黄河三角洲地区邻近海域

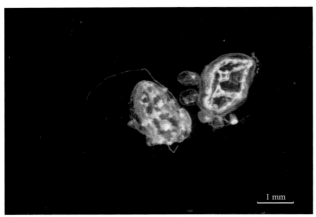
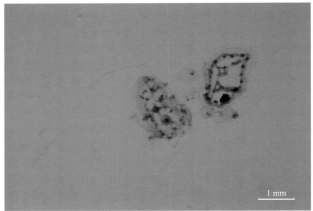

薮枝螅水母 *Obelia* spp.

中文种名：薮枝螅水母

拉丁种名：*Obelia* spp.

分类地位：刺胞动物门 / 水螅纲 / 吻螅目 / 钟螅科 / 薮枝螅水母属

识别特征：伞扁平，胶质薄。缘膜退化。生殖腺呈圆囊状，位于辐管的中部。触手实心，基部有 1 个短的内胚层突起，伸入伞缘中胶层。8 个纵辐位的平衡囊。这种水母由于水母世代时间很短，种的特征不易区别，故把过去所鉴定的许多种水母体合并为一混合种，统称为薮枝螅水母。

地理分布及习性：世界广布种；在我国沿岸水域广泛分布；一般出现于春、夏季。

照片来源：黄河三角洲地区邻近海域

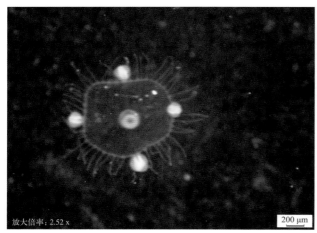
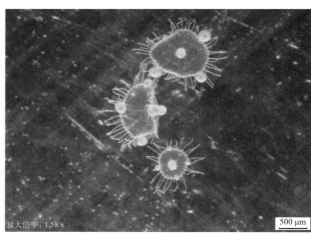

五角水母 *Muggiaea atlantica*

中文种名：五角水母
拉丁种名：*Muggiaea atlantica*
分类地位：刺胞动物门 / 水母亚门 / 管水母纲 / 钟泳目 / 双生水母科 / 五角水母属
识别特征：只有多营养体期的前泳钟，而没有后泳钟。前泳钟呈五角锥形，5 条棱突边缘有齿状突；前泳钟横断面呈五角形，背棱完整；泳囊口周围无齿，口板分 2 叶，基侧角不突出；体囊较长，呈长筒状，达泳囊顶，或稍超过，其长度约为泳囊的 2/3；干室深，深度约为泳囊的 1/2。
地理分布及习性：近岸暖温种；渤海至南海均有分布，是我国近岸海域管水母类的优势种；一年四季均有出现。
照片来源：黄河三角洲地区邻近海域

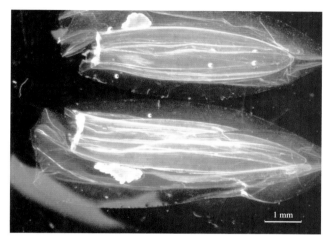
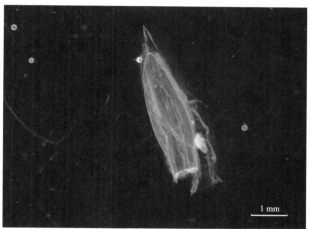

海月水母 *Aurelia aurita*

中文种名：海月水母
拉丁种名：*Aurelia aurita*
分类地位：刺胞动物门 / 真水母纲 / 旗口水母目 / 洋须水母科 / 海月水母属
识别特征：伞部扁平呈圆盘状，伞缘分成 8 个或 16 个宽大的缘叶，伞径 260 ～ 400 毫米；4 条不分枝的口腕，胶质较硬，长度约为伞径的 1/2，口唇边缘生出 1 列细小触手；少数或所有分枝辐管构成网状，纵辐管不分枝，主辐管和间辐管各分 4 ～ 5 个侧枝，所有枝管与环管相连接，分枝管之间仅少数构成网状；许多触手从伞缘的外伞生出。
地理分布及习性：世界广布种；我国近海常可见到，黄海、渤海区数量较多；出现于春、夏、秋季。
照片来源：黄河三角洲地区邻近海域

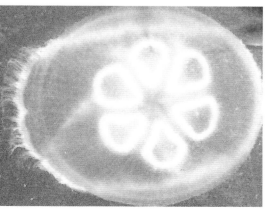

球型侧腕水母 *Pleurobrachia globosa*

中文种名： 球型侧腕水母

拉丁种名： *Pleurobrachia globosa*

分类地位： 栉板动物门 / 有触手纲 / 球栉水母目 / 侧腕水母科 / 侧腕水母属

识别特征： 触手基部位于口道与体表面之间，触手只有一种分枝；有 2 条口道管；体呈钝锥形，横切面（通过口道）略呈球形；高 7 ～ 12 毫米，宽 5 ～ 10 毫米；8 条栉毛带的栉毛板数目相同，通常为 15 ～ 30 块；触手 2 根，每根触手两侧生出几十条同一类型的分枝；触手基部小而圆，与胃处于等高位置；触手鞘很小，开口在栉毛带的背口端附近。

地理分布及习性： 范围广、数量多；广泛分布于我国沿岸水域，尤其近海河口水域更为常见；出现于春、夏、秋季。

照片来源： 黄河三角洲地区邻近海域

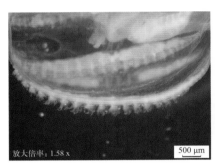
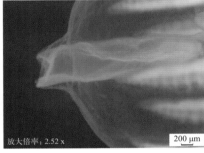

鸟喙尖头溞 *Penilia avirostris*

中文种名： 鸟喙尖头溞

拉丁种名： *Penilia avirostris*

分类地位： 节肢动物门 / 腮足纲 / 双甲目 / 仙达溞科 / 尖头溞属

识别特征： 身体很透明。头部较小，额角尖细。后腹部狭长；尾爪细长，具 2 个基刺。

地理分布及习性： 分布很广的广温性、广盐性暖水种，几乎遍及世界各海域；我国沿岸水域广泛分布；夏季的数量很多，成为优势种。

照片来源： 黄河三角洲地区邻近海域

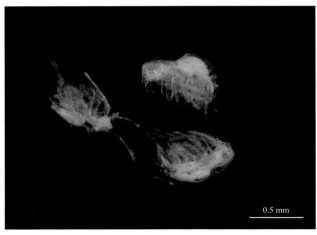
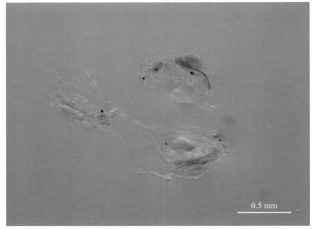

克氏纺锤水蚤 *Acartia clausi*

中文种名：克氏纺锤水蚤

拉丁种名：*Acartia clausi*

分类地位：节肢动物门 / 颚足纲 / 哲水蚤目 / 纺锤水蚤科 / 纺锤水蚤属

识别特征：体长一般雌性 0.70 ～ 1.20 毫米，雄性 0.70 ～ 1.00 毫米。头胸部呈纺锤形，没有额角丝。末胸节后侧角钝圆。尾叉较短小。雌性第 5 胸足第 2 节方形，末节刺状，其远端具细齿；雄性第 5 胸足左足末节内缘末部具一指状突和一刺。

地理分布及习性：近海种。栖于温带沿岸表层，有时进入低盐河口区。广泛分布于我国的渤海和黄海。春、夏季数量很多。

照片来源：黄河三角洲地区邻近海域

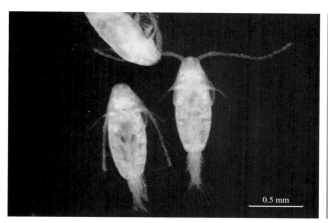
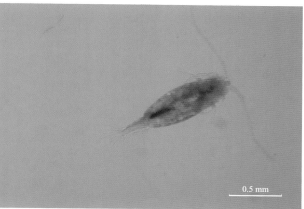

洪氏纺锤水蚤 *Acartia hongi*

中文种名：洪氏纺锤水蚤

拉丁种名：*Acartia hongi*

分类地位：节肢动物门 / 颚足纲 / 哲水蚤目 / 纺锤水蚤科 / 纺锤水蚤属

识别特征：体长一般雌性 0.80 ～ 0.90 毫米，雄性 0.70 ～ 0.80 毫米。头胸部近纺锤形，但前、后端略宽大。额部前端钝圆。额丝不清楚。胸部后侧角钝圆。雌性腹部长为头胸部的 1/5，生殖节长大，较其后 2 节之和为长。尾叉长为宽的 1 倍，尾刚毛稍短。雄性腹部第 2 节宽大，第 4 节极短小，肛节较长大，尾叉较雌性短小。

地理分布及习性：出现于渤海、黄海；春、夏两季的数量较多。

照片来源：黄河三角洲地区邻近海域

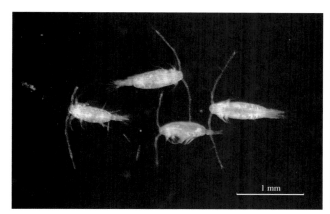
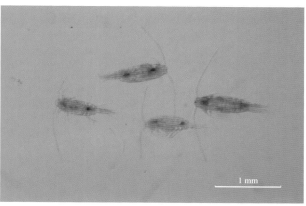

太平洋纺锤水蚤 *Acartia pacifica*

中文种名：太平洋纺锤水蚤

拉丁种名：*Acartia pacifica*

分类地位：节肢动物门 / 颚足纲 / 哲水蚤目 / 纺锤水蚤科 / 纺锤水蚤属

识别特征：体长一般雌性 1.20 ~ 1.35 毫米，雄性 1.00 ~ 1.20 毫米。头胸部瘦长。额部前端略钝圆。胸部后侧角具刺突。雌性腹部生殖节较宽大，长、宽近相等；第 1、第 2 节背末缘各具 2 小刺，第 2 节的背刺较其前 1 节的为大；尾叉及尾刚毛均较长。雄性腹部第 2 节宽大，第 4 节短小，第 2 至第 4 节背末缘具小刺；尾叉及尾刚毛均较雌性为短。

地理分布及习性：暖水种；出现于渤海、黄海和东海沿岸水域，数量多，较常见。

照片来源：黄河三角洲地区邻近海域

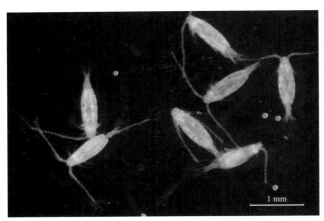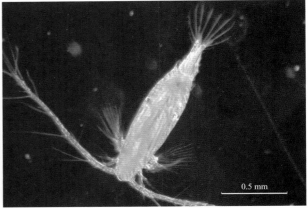

中华哲水蚤 *Calanus sinicus*

中文种名：中华哲水蚤

拉丁种名：*Calanus sinicus*

分类地位：节肢动物门 / 颚足纲 / 哲水蚤目 / 哲水蚤科 / 哲水蚤属

识别特征：体长一般雌性 2.70 ~ 3.00 毫米，雄性 2.06 ~ 2.90 毫米。前额略呈三角形突出。第 4、第 5 胸节分开。末胸节后侧角钝圆。第 5 胸足基节内缘齿较少（♀ 18 ~ 22；♂ 17 ~ 21）。雄性的左足比右足长且大。齿数变化大，不但随个体大小和地区而异，而且还有季节变化，甚至不同世代个体的齿数也不相同。雄性左足内肢很短，仅达或不达其外肢第 1 节的末端。

地理分布及习性：暖温带种；广泛分布于我国渤海、黄海和东海沿岸区，为这些水域的优势种。它向北分布至日本本州东、西岸，达北纬 42°；向南分布至南海北部近海，有时远达海南岛南部海域也有分布。

照片来源：黄河三角洲地区邻近海域

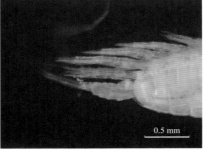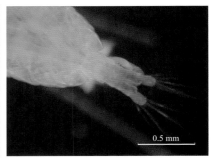

腹针胸刺水蚤 *Centropages abdominalis*

中文种名：腹针胸刺水蚤

拉丁种名：*Centropages abdominalis*

分类地位：节肢动物门 / 颚足纲 / 哲水蚤目 / 胸刺水蚤科 / 胸刺水蚤属

识别特征：体长一般雌性 1.70 ～ 1.90 毫米，雄性 1.35 ～ 1.60 毫米。头胸部呈长筒形。额部前端钝圆。胸部后侧角尖锐。雌性右后侧刺指向右侧，较左侧刺粗大；生殖节宽大，右缘突出，左右缘皆具数丛小毛，腹面生殖孔前端具一倒刺；尾叉基部较末部稍狭，左叉较右叉长。雄性头胸部较雌性狭小，后侧刺也比较细小；腹部分 4 节，第 2 至第 3 节较长大；尾叉较雌性稍长。

地理分布及习性：温带沿岸种；渤海、黄海数量较多，冬、春两季较常见。

照片来源：黄河三角洲地区邻近海域

 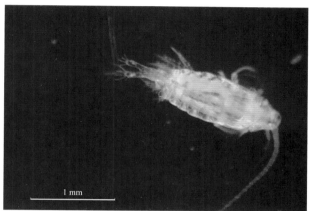

瘦尾胸刺水蚤 *Centropages orsinii*

中文种名：瘦尾胸刺水蚤

拉丁种名：*Centropages orsinii*

分类地位：节肢动物门 / 颚足纲 / 哲水蚤目 / 胸刺水蚤科 / 胸刺水蚤属

识别特征：体长一般雌性 1.35 ～ 1.60 毫米，雄性 1.20 ～ 1.40 毫米。头胸部呈长筒形。额部较为突出。头部与第 1 胸节愈合。尾叉对称，其长为宽的 3 倍。尾刚毛短，基部膨大，最外侧的刚毛呈刺状。雌性胸部后侧角具长刺，右刺略长于左刺；生殖节不对称，左侧基部具一小突起，腹面无刺，但具一突起。雄性头胸部较雌性狭小，胸部后侧刺也较小，左刺较右刺为大；腹部分 4 节，第 2 节较长。

地理分布及习性：暖水种，河口沿岸常见，一般栖于表层；在我国沿岸水域分布广泛，渤海、黄海、东海沿岸均有发现；春、夏季期间数量较丰富。

照片来源：黄河三角洲地区邻近海域

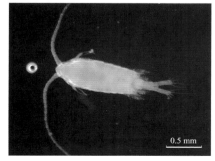 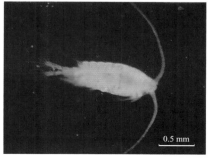 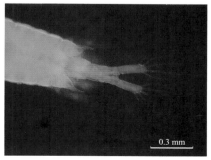

背针胸刺水蚤 *Centropages dorsispinatus*

中文种名： 背针胸刺水蚤

拉丁种名： *Centropages dorsispinatus*

分类地位： 节肢动物门 / 颚足纲 / 哲水蚤目 / 胸刺水蚤科 / 胸刺水蚤属

识别特征： 体长一般雌性 1.04 ～ 1.20 毫米，雄性 1.01 ～ 1.10 毫米。头胸部粗壮，呈卵圆形。额部前端宽圆。额角粗短，基部略呈三角形，末端额丝较短。头部背末端中央具一喙状刺突，其末端稍向后弯，这突起的前端常具一大的色素斑点。头部与第 1 胸节分开。雌性胸部后侧角具尖刺，内侧微钝。生殖节两侧稍膨大，左、右缘中部各具一丛细毛，腹面无突起，肛节较其前一节长大。尾叉稍向内弯。雄性胸部后侧角较雌性细小，左后侧刺较右侧的稍大。腹部第 2 节较长。尾叉长为宽的 1.7 倍。

地理分布及习性： 暖水种；分布于我国的福建、浙江近海；夏、秋季扩展至渤海、黄海水域，且较为习见。

照片来源： 黄河三角洲地区邻近海域

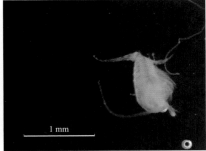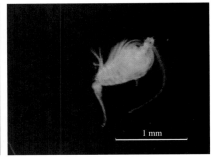

小拟哲水蚤 *Paracalanus parvus*

中文种名： 小拟哲水蚤

拉丁种名： *Paracalanus parvus*

分类地位： 节肢动物门 / 颚足纲 / 哲水蚤目 / 拟哲水蚤科 / 拟哲水蚤属

识别特征： 体长一般雌性 0.70 ～ 1.00 毫米，雄性 0.70 ～ 1.10 毫米。身体矮壮，头胸部呈长卵形，后半部较前半部略狭。胸部后侧角钝圆。头胸部长为腹部的 3 倍。尾叉短小。雌性生殖节较肛节稍长，而肛节较第 2、第 3 腹节为长。雄性头胸部较狭小。腹部第 2 节较其他各节为长。

地理分布及习性： 暖水种；从渤海至南海近岸水域皆有分布，数量丰富，为我国沿海的优势种。

照片来源： 黄河三角洲地区邻近海域

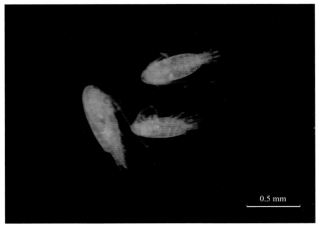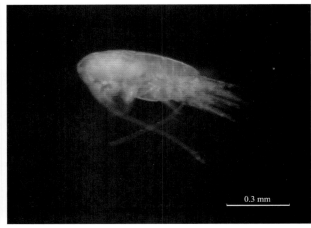

汤氏长足水蚤 *Calanopia thompsoni*

中文种名：汤氏长足水蚤
拉丁种名：*Calanopia thompsoni*
分类地位：节肢动物门 / 颚足纲 / 哲水蚤目 / 角水蚤科 / 长足水蚤属
识别特征：体长一般雌性 1.80 ～ 2.00 毫米，雄性 1.60 ～ 1.90 毫米。头胸部呈椭圆形。额部前端较狭小，略呈三角形。头部具侧钩。额刺的末内缘具倒钩，刺间穴较宽圆。胸部第 2、第 3 胸节约等长，胸部后侧角具尖刺，左右对称。雌性腹部生殖节的腹面具一小突，其长度为肛节长度的 2 倍；尾叉与肛节等长，尾刚毛对称。雄性腹部第 1、第 2 节约等长；肛节短小。
地理分布及习性：夏、秋季出现于山东半岛南、北沿岸，数量多，为习见种，向南达南海北部沿岸。太平洋热带、温带水域都有分布。
照片来源：黄河三角洲地区邻近海域

圆唇角水蚤 *Labidocera rotunda*

中文种名：圆唇角水蚤
拉丁种名：*Labidocera rotunda*
分类地位：节肢动物门 / 颚足纲 / 哲水蚤目 / 角水蚤科 / 唇角水蚤属
识别特征：体长一般雌性 2.00 ～ 2.45 毫米，雄性 1.90 ～ 2.00 毫米。额部前端钝圆。额刺粗短，左右等长。头部具侧钩。雌性胸部后侧角尖锐，具三角形刺突，左右对称；腹部分 3 节，生殖节右缘中部具三角形突起，其腹面生殖孔右下侧具 2 小刺，下刺略较上刺大，第 2 节右缘基部具一喙状突，肛节极短；尾叉不对称，左尾叉内缘具一半球状突起，尾刚毛正常。雄性头胸部较雌性小；背眼较发达，胸部后侧角不对称，左刺呈三角形，右刺分双叉，其外刺稍长，两刺间距较宽，近背面具一小刺；腹部生殖节右末缘突出，其腹面具一小刺，肛节最短；尾叉对称。
地理分布及习性：我国南北近海各水域皆有分布，渤海、黄海数量较丰富，特别在夏、秋两季最常见。
照片来源：黄河三角洲地区邻近海域

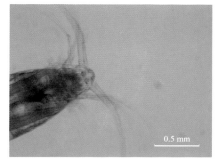  

真刺唇角水蚤 *Labidocera euchaeta*

中文种名：真刺唇角水蚤

拉丁种名：*Labidocera euchaeta*

分类地位：节肢动物门 / 颚足纲 / 哲水蚤目 / 角水蚤科 / 唇角水蚤属

识别特征：体长一般雌性 2.50 ～ 2.85 毫米，雄性 2.25 ～ 2.45 毫米。头胸部近纺锤形。额部前端狭小，略呈三角形。背眼较小。头部无侧钩。额刺较发达。胸部后侧角的刺突呈三角形，右刺略较左刺大。雌性腹部分 3 节，生殖节较宽大，肛节最短；尾叉短，右叉较宽大，呈卵圆形，内侧第 3 尾刚毛最长。雄性头胸部较雌性狭小，额刺较发达；腹部第 3 节长大，肛节最短；尾叉近对称。

地理分布及习性：我国沿海各水域均有分布，长江口以北沿海的数量较为丰富。

照片来源：黄河三角洲地区邻近海域

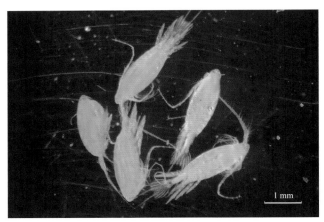
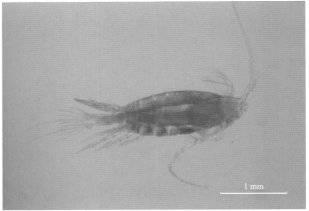

刺尾角水蚤 *Pontella spinicauda*

中文种名：刺尾角水蚤

拉丁种名：*Pontella spinicauda*

分类地位：节肢动物门 / 颚足纲 / 哲水蚤目 / 角水蚤科 / 角水蚤属

识别特征：体长一般雌性 4.75 ～ 5.40 毫米，雄性 4.20 ～ 4.75 毫米。雌性头胸部宽大，额部前端呈三角形，额刺和侧钩均发达；胸部后侧角具翼状刺突，左侧刺较右侧刺长大，右侧刺突的内侧基部背面具一粗突，末端分叉；肛节很短；尾叉短，呈椭圆形，左右对称，尾刚毛亦短，其基部膨大。雄性头胸部与雌性相似，唯背、腹眼和额角均较发达；胸部后侧角刺短小，其内缘近钝圆；腹部第 1 节宽大，左末缘突出，第 3 节较其前 2 节长大，第 4 节最短小；尾叉阔，末部较基部宽，尾刚毛正常，但较雌性的长。

地理分布及习性：暖水种；夏、秋季出现于渤海、黄海和浙江舟山近海。

照片来源：黄河三角洲地区邻近海域

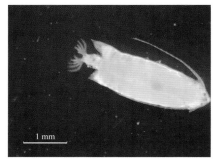
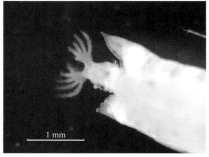

瘦尾简角水蚤 *Pontellopsis tenuicauda*

中文种名：瘦尾简角水蚤

拉丁种名：*Pontellopsis tenuicauda*

分类地位：节肢动物门 / 颚足纲 / 哲水蚤目 / 角水蚤科 / 简角水蚤属

识别特征：体长一般雌性 1.55 ～ 1.75 毫米，雄性 1.35 ～ 1.50 毫米。雌性头胸部宽短，额部前端中央具钝突，额角发达，额丝细长；胸部后侧角为钝突，左右对称；腹部分 2 节，生殖节长大，左缘基部近背面具一小齿，左末部近背面隆起，右缘中部具二小刺，其下刺较长指向后方，上刺短小，肛节宽短，背面中部后末缘位于两尾叉中间具弧形突起，尾叉短而对称。雄性头胸部较雌性狭小，额刺较细长，腹眼较发达；胸部后侧角不对称，左侧角钝短，与雌性相似，右侧角特别长大，近末端尖细，稍向内弯，长达肛节；腹部第 1 节右缘具一齿突，第 2 至第 3 节右缘稍膨大，其上具短细毛，第 4 节短小，肛节较其前一节长大，尾叉狭短。

地理分布及习性：暖水种；夏、秋季出现于渤海、黄海和东海。

照片来源：黄河三角洲地区邻近海域

火腿伪镖水蚤 *Pseudodiaptomus poplesia*

中文种名：火腿伪镖水蚤

拉丁种名：*Pseudodiaptomus poplesia*

分类地位：节肢动物门 / 颚足纲 / 哲水蚤目 / 伪镖水蚤科 / 伪镖水蚤属

识别特征：体长一般雌性 2.00 ～ 2.20 毫米，雄性 1.50 ～ 1.70 毫米。额部前端狭尖。胸部后侧角钝圆，其外缘具 3 ～ 4 个小刺，内缘近背面各具一小齿。腹部生殖节的腹面突出显著，具二倒刺，纳精囊的形状较宽大，第 1 至第 3 节背末缘具环状排列小刺。尾叉长为宽的 3 倍，尾刚毛较长，其基部不膨大。雄性腹部第 1、第 5 节短小，第 2、第 4 节的末缘具环状排列的小刺。

地理分布及习性：河口种；我国沿岸河口水域均有分布；夏、秋两季在黄河口，冬季在江苏沿岸及福建九龙江河口，数量很大。

照片来源：黄河三角洲地区邻近海域

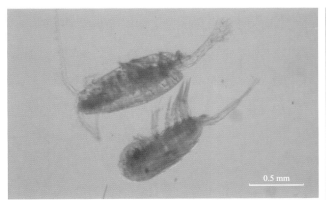 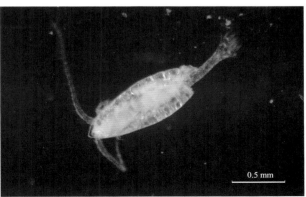

太平洋真宽水蚤 *Eurytemora pacifica*

中文种名：太平洋真宽水蚤

拉丁种名：*Eurytemora pacifica*

分类地位：节肢动物门 / 颚足纲 / 哲水蚤目 / 宽水蚤科 / 真宽水蚤属

识别特征：体长一般雌性 1.10 ~ 1.26 毫米，雄性 0.92 ~ 1.08 毫米。尾叉与肛节长度约相等。尾叉宽为长的 1/3，尾刚毛短。雌性头胸部宽大，头前端钝圆，额丝短；头部与第 1 胸节分开，第 4、第 5 胸节愈合；胸部后侧角具发达三角形的翼状突，长达生殖节后端；腹部生殖节长大，左、右缘中部突出且不对称。雄性头胸部较狭小；第 4、第 5 胸节分开；胸部后侧角钝圆不具翼状；腹部第 2 节稍长。

地理分布及习性：暖水沿岸种；夏季出现于山东半岛北部沿岸水域，呈明显的季节性变化，数量较多，但分布的区域不广，仅限于盐度较低的区域。

照片来源：黄河三角洲地区邻近海域

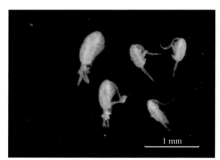 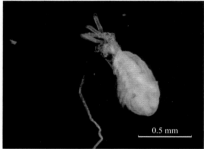 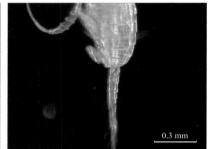

刺尾歪水蚤 *Tortanus spinicaudatus*

中文种名：刺尾歪水蚤

拉丁种名：*Tortanus spinicaudatus*

分类地位：节肢动物门 / 颚足纲 / 哲水蚤目 / 歪水蚤科 / 歪水蚤属

识别特征：体长一般雌性 1.50 ~ 2.10 毫米，雄性 1.30 ~ 1.80 毫米。头胸部呈长筒形。额部前端钝圆。第 4、第 5 胸节愈合。胸部后侧角具三角形小刺，左右对称。腹部生殖节略膨大，肛节右缘伸长，外末部具一锐刺，外缘基部近腹面也具一小刺。尾叉不对称，右叉较宽大，末端远超过左叉。雄性胸部后侧角钝圆；腹部生殖节宽大于长，左末部稍突出，其余各节逐渐短小，肛节最短；尾叉狭长，末部较基部宽，其长为基部宽的 8 倍，右叉稍长。

地理分布及习性：渤海、山东半岛南部、浙江沿海直至福建北部沿岸水域皆有分布，但北部海区的数量多于南部海区。

照片来源：黄河三角洲地区邻近海域

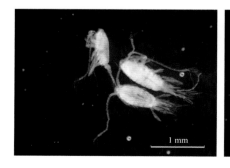 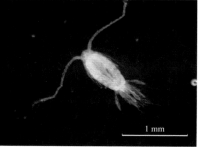 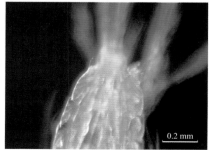

捷氏歪水蚤 *Tortanus derjugini*

中文种名：捷氏歪水蚤

拉丁种名：*Tortanus derjugini*

分类地位：节肢动物门 / 颚足纲 / 哲水蚤目 / 歪水蚤科 / 歪水蚤属

识别特征：体长一般雌性 2.00 ～ 2.30 毫米，雄性 1.80 ～ 2.00 毫米。头胸部呈长筒形。雌性额部前端呈钝三角形，单眼发达；第 4、第 5 胸节愈合，胸部后侧角具翼状刺突，左右近对称；腹部生殖节近方形，肛节长大于宽；尾叉长仅为最后 2 腹节之和，右叉末端稍长过左叉。雄性头胸部较短小；胸部后侧角具钝突起；腹部第 2 节较长大，右末缘具一小刺。

地理分布及习性：在我国沿岸水域，特别是河口区有广泛分布。

照片来源：黄河三角洲地区邻近海域

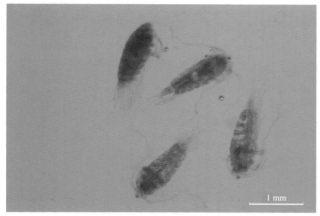
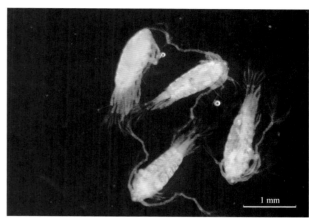

拟长腹剑水蚤 *Oithona similis*

中文种名：拟长腹剑水蚤

拉丁种名：*Oithona similis*

分类地位：节肢动物门 / 颚足纲 / 剑水蚤目 / 长腹剑水蚤科 / 长腹剑水蚤属

识别特征：体长一般雌性 0.72 ～ 0.80 毫米，雄性 0.50 ～ 0.63 毫米。雌性前体部呈长椭圆形，额角尖，弯向腹面，背面观不明显；前体部与后体部的长度比例为 58：42；第 5 胸节两侧的小结节较显著，生殖节近基部两侧稍膨大，尾叉较肛节为短，且不很撇开，其长度约为基部宽度的 2 倍。雄性前体部近椭圆形；头部前端宽平；前、后体部的长度比例为 66：34；生殖节稍较其他腹节宽大。

地理分布及习性：我国各海区均有分布，其中以渤海、黄海的数量最多。

照片来源：黄河三角洲地区邻近海域

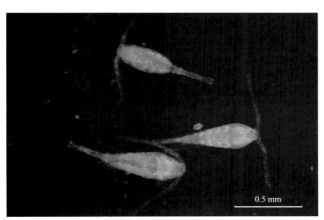
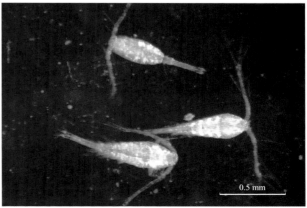

近缘大眼水蚤 *Ditrichocorycaeus affinis*

中文种名：近缘大眼水蚤

拉丁种名：*Ditrichocorycaeus affinis*

分类地位：节肢动物门 / 颚足纲 / 鞘口水蚤目 / 大眼水蚤科 / 大眼水蚤属

识别特征：体长一般雌性 0.75 ~ 0.87 毫米，雄性 0.62 ~ 0.77 毫米。前体部呈长筒形。第 3、第 4 胸节也分开。第 3 胸节后侧角可达生殖节基部的 1/3 处。雌性角眼间距较大，头部与第 1 胸节分开；第 4 胸节的后侧角短小；前、后体部的长度比例为 83∶17；生殖节呈长卵形，其宽度约为长度的 2/3；肛节较短，其长度约为基部宽度的 1.5 倍；尾叉较短于生殖节，其长度约为宽度的 7 倍。雄性头部与第 1 胸节愈合；第 2 胸节后侧角稍突出，第 4 胸节后侧角尖而短；前、后体部的长度比例为 67∶33；生殖节呈卵圆形，背面隆起，近末部较紧缩，腹面近基部具一小钩刺；肛节较短，其长度约为宽度的 1.5 倍；尾叉稍长于肛节，其长度约为宽度的 6 倍，左右叉不撇开。

地理分布及习性：我国各海区都有分布，其中以渤海、黄海的数量较多。

照片来源：黄河三角洲地区邻近海域

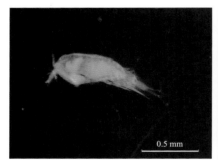 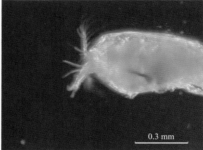 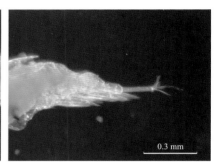

小毛猛水蚤 *Microsetella norvegica*

中文种名：小毛猛水蚤

拉丁种名：*Microsetella norvegica*

分类地位：节肢动物门 / 颚足纲 / 猛水蚤目 / 长猛水蚤科 / 小毛猛水蚤属

识别特征：体长一般雌性 0.50 ~ 0.70 毫米，雄性 0.50 ~ 0.66 毫米。雌性身体狭长，呈梭子形，且较侧扁；前、后体部的宽度无显著差别；身体各节皆具细毛；前、后体部的长度比例为 62∶38；头部至第 4 胸节的底节板皆很发达；后体部的生殖节较其他各节为宽；尾叉较短于肛节，其长度与宽度几乎相等，最长的尾刚毛与体长几乎相等；卵囊位于腹面，储卵 5 ~ 6 枚。雄性前、后体部的长度比例为 64∶36；后体部共分 6 节，肛节短小。

地理分布及习性：为我国浙江和福建近海的习见种，渤海、黄海均有分布，南海也有分布记载。

照片来源：黄河三角洲地区邻近海域

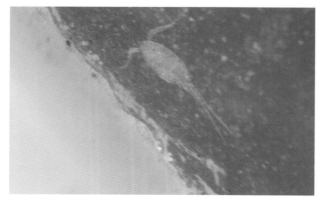 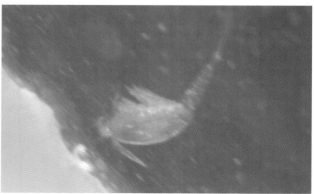

巨怪水蚤 *Monstrilla grandis*

中文种名：巨怪水蚤
拉丁种名：*Monstrilla grandis*
分类地位：节肢动物门 / 颚足纲 / 怪水蚤目 / 怪水蚤科 / 怪水蚤属
识别特征：体呈圆筒形，前体部比后体部宽大。桡足幼体营寄生生活，无节幼虫和成体营浮游生活，但成体乃专为繁殖而不捕食，因而口器附肢均退化，消化道也仅留下痕迹。活动关节位于第 4、第 5 胸节之间。卵不产在卵囊内，而粘附在生殖节腹面的 2 条丝状物上。雄性生殖节具一棒状附肢，借以传送精荚；第 1 触角与体轴平行地伸向前方，后体部分 3（♀）～ 4（♂）节；尾叉扁平，具刚毛；第 1 触角呈树枝状，分节不很明显；胸足基节大，内、外肢短小；第 5 胸足单节，呈叶状；身体瘦小。
地理分布及习性：我国沿岸水域均有分布，但数量不多。
照片来源：黄河三角洲地区邻近海域

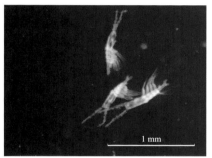  

长额超刺糠虾 *Hyperacanthomysis longirostris*

中文种名：长额超刺糠虾
拉丁种名：*Hyperacanthomysis longirostris*
分类地位：节肢动物门 / 软甲纲 / 糠虾目 / 糠虾科 / 超刺糠虾属
识别特征：上唇宽大于长，没有"前突出"。尾肢外肢不分节，外缘有刚毛而无刺；内肢比外肢短得多。额板向前伸展为刺状突。尾节末端具 2 个刺。额板刺状突超过眼睛。
地理分布及习性：我国北方沿岸水域的优势种。
照片来源：黄河三角洲地区邻近海域

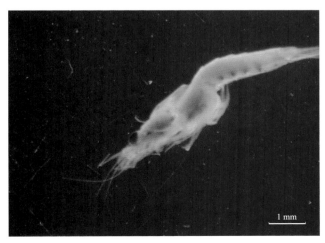 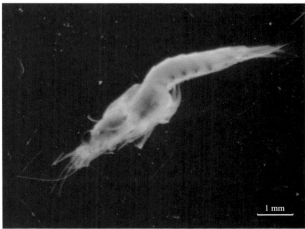

细足法蛾 *Themisto gaudichaudii*

中文种名： 细足法蛾

拉丁种名： *Themisto gaudichaudii*

分类地位： 节肢动物门 / 软甲纲 / 端足目 / 蛾亚目 / 泉蛾科 / 法蛾属

识别特征： 第 1 腮足不呈螯状。后 3 对胸足比前 2 对更长。第 3 胸足长，尤其是掌节特别细长，其前缘有长短不等的细毛。

地理分布及习性： 在我国分布于渤海、黄海和东海，是黄海浮游动物的优势种，也是经济鱼类的主要饵料；一般分布于低温、高盐的外海水域。

照片来源： 黄河三角洲地区邻近海域

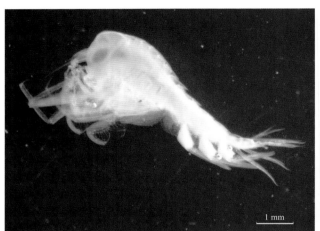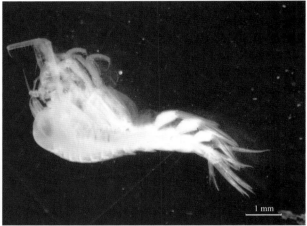

三叶针尾涟虫 *Diastylis tricincta*

中文种名： 三叶针尾涟虫

拉丁种名： *Diastylis tricincta*

分类地位： 节肢动物门 / 软甲纲 / 涟虫目 / 针尾涟虫科 / 针尾涟虫属

识别特征： 雌性：体长 3.7 ～ 6 毫米，头胸甲近体长的 3/10。假额角尖锐突出，触角缺刻不明显。头胸甲上有 3 个皱褶，最前 1 个围绕着前叶，第 2 个与第 3 个的距离稍小于与第 1 个的距离。眼叶较发达。胸部分 5 节，稍长于头胸甲。尾肢柄部接近第 6 腹节长的 2 倍，稍短于尾节的 2 倍。柄内侧有十几个小刺。雄性：体长可达 7 毫米，第 1 触角粗壮，第 2 触角可达身体末端。尾节与雌性差异较大。肛前部与肛后部界限较雌性明显，前者长度为后者的 3/2，肛后部较雌性细长。

地理分布及习性： 底层种；黄海、渤海较为常见。

照片来源： 黄河三角洲地区邻近海域

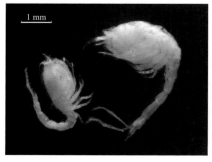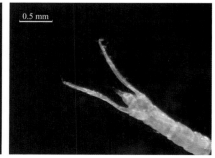

细长涟虫 *Iphinoe tenera*

中文种名：细长涟虫

拉丁种名：*Iphinoe tenera*

分类地位：节肢动物门 / 软甲纲 / 涟虫目 / 涟虫科 / 长涟虫属

识别特征：雌性：体长 6.5 ～ 7 毫米，身体细长。胸部与腹部等长。头胸甲与胸部自由体节等长。头胸甲长度为其自身高度的 2.5 倍。第 1 胸节完全外露，不被头胸甲覆盖。假额角突出而尖，额角下角明显，呈锯齿状。头胸甲背面皆具锯齿。第 1 胸足纤细，基节末端具 2 小刺。尾肢的内、外肢长度大致相等；柄部显著长于其内外分肢。内肢第 1 节长度为末节的 3/4。雄性：头胸甲光滑无锯齿。触角缺刻不明显，假额角较短，额角下角为圆形，无锯齿。第 2 触角达体末端。尾肢柄部内缘的小刺和刚毛数目较多。

地理分布及习性：底层种；分布于我国黄海、渤海和东海。

照片来源：黄河三角洲地区邻近海域

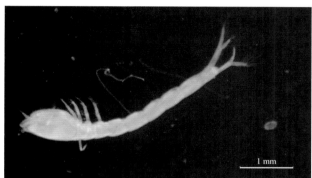
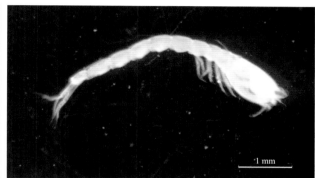

太平洋磷虾 *Euphausia pacifica*

中文种名：太平洋磷虾

拉丁种名：*Euphausia pacifica*

分类地位：节肢动物门 / 软甲纲 / 磷虾目 / 磷虾科 / 磷虾属

识别特征：眼呈球形或梨形。小颚末节宽，外肢小。第 7、第 8 胸足退化，由短小、不分节的刚毛突构成。雄交接器无刺突，顶突具脚部。额角很短，具 1 对侧齿。第 1 触角第 1 柄节有尖锐小叶。雄交接器的基突末部为较长的顶叶，其末端钝圆。具显著指状足鳃。

地理分布及习性：本种为北太平洋亚北极区最占优势的磷虾，数量常很大，是该海浮游动物的重要代表。在我国主要分布于黄海，其南界和 200 米深处 9.5℃ 等温线一致。渤海偶尔可见。

照片来源：黄河三角洲地区邻近海域

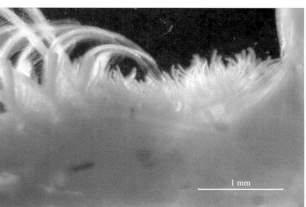

中国毛虾 *Acetes chinensis*

中文种名：中国毛虾

拉丁种名：*Acetes chinensis*

分类地位：节肢动物门 / 软甲纲 / 十足目 / 樱虾科 / 毛虾属

识别特征：体侧扁，甲壳薄。额角短小，侧面略呈三角形，下缘斜而微曲，上缘具二齿。头胸甲具眼后刺及肝刺，前侧角圆形不具颊刺。眼圆形，眼柄细长，约为眼球直径的 2 倍。第 1 触角雌雄不同。步足 3 对，末端为微细钳状，第 3 对最长。腹部第 6 节甚长，略短于头胸甲，其长度约为高度的 2 倍。尾节甚短，末端圆形无刺，尾肢内肢基部有一列红色小点，数目 2 ～ 8 个。

地理分布及习性：我国沿海均产，尤以渤海沿岸产量最大。近岸生活，多栖居在海湾或河口附近。

照片来源：黄河三角洲地区邻近海域

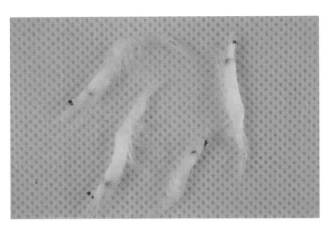 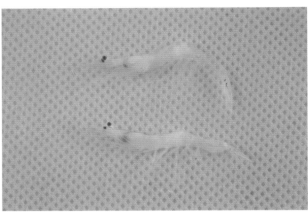

细螯虾 *Leptochela gracilis*

中文种名：细螯虾

拉丁种名：*Leptochela gracilis*

分类地位：节肢动物门 / 软甲纲 / 十足目 / 玻璃虾科 / 细螯虾属

识别特征：体长 20 ～ 35 毫米。体侧扁，光滑。额角短小，呈刺刀状，上下缘皆无齿。头胸甲光滑无刺或脊。腹部第 4 及第 5 节背面中央有纵脊，第 5 节脊末有一弯刺，第 6 节的前缘背面具横脊。第 6 节两侧腹缘后方各有一大刺，其前方有二小刺。尾节平扁，背面纵行凹下，凹沟两侧有两对等距离的活动刺，第 1 对接近于前缘，第 2 对在正中部侧缘，尾节末缘较宽，中央尖而突出，后侧角之边缘上具有 5 对活动刺。眼圆，眼柄较短。第 1 触角柄甚短，仅伸至第 2 触角鳞片中部，第 2 节最短，长度仅为第 3 节的一半；柄刺较长，超出第 1 节末缘。第 2 触角鳞片长，稍短于头胸甲，呈长三角形，末端极尖细，呈刺状。第 1 步足长，超出第 2 触角鳞片末端，钳细长，第 2 步足长度及形状与第 1 步足相同。尾肢略短于尾节，内外肢外缘均具毛和小刺。

地理分布及习性：底层近岸习见种；我国沿海各省海域均有分布。

照片来源：黄河三角洲地区邻近海域

强壮滨箭虫 *Aidanosagitta crassa*

中文种名：强壮滨箭虫
拉丁种名：*Aidanosagitta crassa*
分类地位：毛颚动物门 / 箭虫纲 / 无横肌目 / 箭虫科 / 滨箭虫属
识别特征：成体长 22 毫米左右，肌肉较发达，体略微透明，但不柔软，尾部占体长的 27% ~ 32%。泡状组织很发达，从头部开始向体后部延伸，至颈部略微减少，以后逐渐增厚，至前鳍后端又逐渐减少，一直达到后端储精囊。前鳍略短于后鳍，始自腹神经节稍后，鳍条完整；后鳍最宽处在尾部横膈膜之后，其长度一半以上位于尾部，鳍条完整。纤毛冠丙型，始自眼的后方，两侧呈波浪状。储精囊椭圆形，偏近于后鳍。
地理分布及习性：沿岸低盐表层种；大量分布于渤海、黄海及东海北部近岸，是渤海、黄海区的优势种类。
照片来源：黄河三角洲地区邻近海域

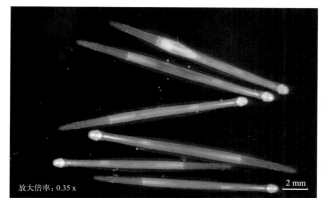 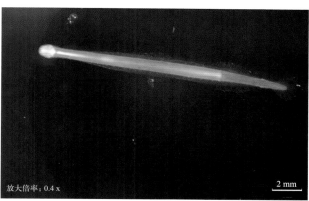

长尾住囊虫 *Oikopleura longicauda*

中文种名：长尾住囊虫
拉丁种名：*Oikopleura longicauda*
分类地位：尾索动物门 / 有尾纲 / 住囊虫科 / 住囊虫属
识别特征：躯体短而胖，有发达的胶质头巾。口斜向背部，没有口腺和亚脊索细胞。尾部较硬，肌肉较宽而硬，伸至尾部近末端。鳍的末端为圆形。尾部、体部长度比为 5:1。雌雄同体。
地理分布及习性：我国沿岸水域均有分布，较为常见。
照片来源：黄河三角洲地区邻近海域

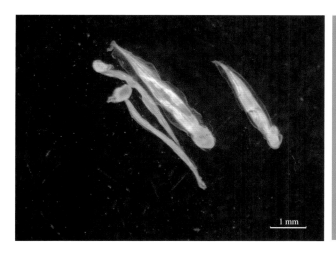 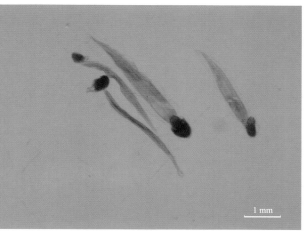

异体住囊虫 *Oikopleura dioica*

中文种名：异体住囊虫

拉丁种名：*Oikopleura dioica*

分类地位：尾索动物门 / 有尾纲 / 住囊虫科 / 住囊虫属

识别特征：躯体小而胖，背部近平直。口位于前端，斜向背面，口腺小。尾部肌肉很窄，具 2 个纺锤形的亚脊索细胞。尾部与躯体的长度比为 4∶1。雌雄异体。

地理分布及习性：在我国沿岸水域广为分布，尤以南海更为常见。

照片来源：黄河三角洲地区邻近海域

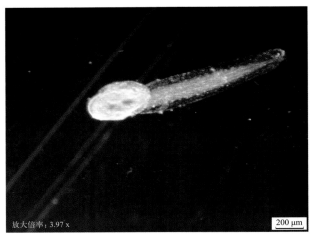
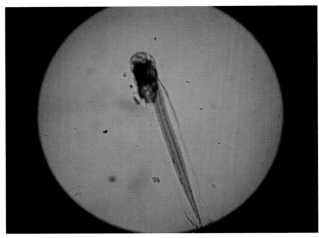

放大倍率：3.97 x

200 μm

多毛类幼虫 Polychaeta larva

中文种名：多毛类幼虫

英文名称：Polychaeta larva

分类地位：环节动物门 / 多毛纲 / 浮游幼虫

识别特征：部分底栖多毛类到了繁殖期，大量集群于海水表层，营暂时性浮游生活。其身体分节，节数随种类而异。

地理分布及习性：在渤海、黄海浮游生物中较为常见。

照片来源：黄河三角洲地区邻近海域

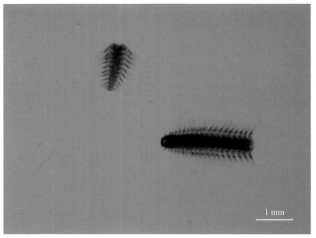

1 mm

1 mm

长尾类幼虫 Macrura larva

中文种名：长尾类幼虫
英文名称：Macrura larva
分类地位：节肢动物门 / 软甲纲 / 十足目 / 浮游幼虫
识别特征：泛指游行亚目及爬行亚目中长尾派的各类幼虫。这类幼虫在浮游生物中的数量有时很大，由于不易鉴定，故常合并在一起，统称长尾类幼虫。一般分为无节幼虫、溞状幼虫、糠虾幼体 3 个阶段，糠虾幼体阶段形似虾类。
地理分布及习性：在渤海、黄海浮游生物中较常见，有时为优势种。
照片来源：黄河三角洲地区邻近海域

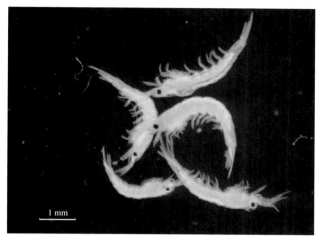 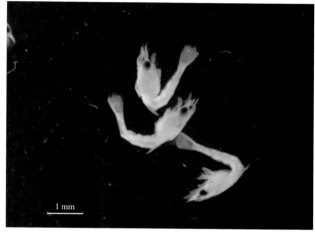

磁蟹溞状幼虫 Porcellana Zoea larva

中文种名：磁蟹溞状幼虫
英文名称：Porcellana Zoea larva
分类地位：节肢动物门 / 软甲纲 / 十足目 / 浮游幼虫
识别特征：背甲的前后两端伸长，特别是背甲的前端细长如针。
地理分布及习性：在我国沿岸水域时常可见。
照片来源：黄河三角洲地区邻近海域

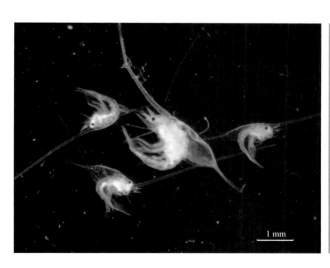 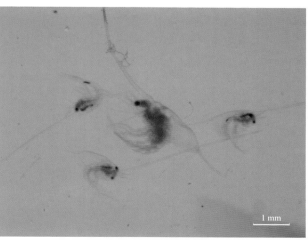

短尾类溞状幼虫 Brachyura Zoea larva

中文种名：短尾类溞状幼虫

英文名称：Brachyura Zoea larva

分类地位：节肢动物门 / 软甲纲 / 十足目 / 浮游幼虫

识别特征：溞状幼虫或称水蚤幼虫，分为前溞状幼虫、溞状幼虫和后溞状幼虫3个阶段。各种短尾类的溞状幼虫的形态并不相同。一般，其头胸部较发达，背甲有1根向上伸长的刺，其前端另有1根向下伸长的刺，腹部分节，且向背部弯曲；头部具1对复眼。

地理分布及习性：在浮游生物中较常见，有时在繁殖盛季占显著优势。

照片来源：黄河三角洲地区邻近海域

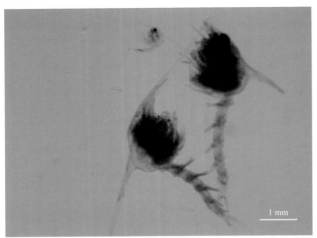 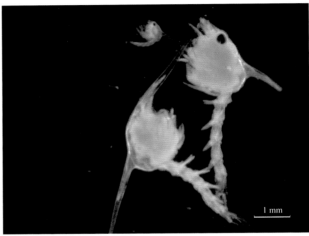

短尾类大眼幼虫 Brachyura Megalopa larva

中文种名：短尾类大眼幼虫

英文名称：Brachyura Megalopa larva

分类地位：节肢动物门 / 软甲纲 / 十足目 / 浮游幼虫

识别特征：大眼幼虫的头胸部背腹扁，犹如成体；腹部分节，向后伸直；复眼有柄。到了这一期，幼体已开始改营底栖生活，所以它们在浮游生物中的数量比溞状幼虫少得多。

地理分布及习性：在浮游生物中较常见，但数量不多。

照片来源：黄河三角洲地区邻近海域

 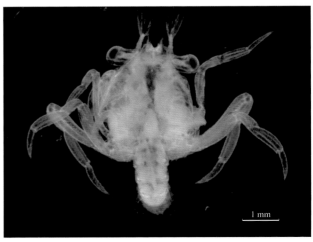

虾蛄阿利玛幼虫 Squilla Alima larva

中文种名：虾蛄阿利玛幼虫
英文名称：Squilla Alima larva
分类地位：节肢动物门 / 软甲纲 / 口足目 / 浮游幼虫
识别特征：刚孵化出来的口足类幼虫在底层生活，经过两次蜕皮以后，则改营漂浮生活，再经过多次（一般为 8 次）蜕皮，才度过幼体阶段。口足类的幼虫包括前水蚤幼虫和假水蚤幼虫两种类型，它们继续发育成阿利玛幼体或伊雷奇幼体。在我国沿岸水域浮游生物中，阿利玛幼体比伊雷奇幼体更为常见。其身体分节，对称。背甲长度约为体长的 1/3。
地理分布及习性：我国沿岸水域广泛分布，在渤海、黄海常可采到。
照片来源：黄河三角洲地区邻近海域

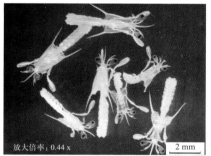
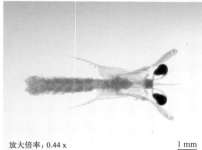

蛇尾纲长腕幼虫 Ophiopluteus larva

中文种名：蛇尾纲长腕幼虫
英文名称：Ophiopluteus larva
分类地位：棘皮动物门 / 蛇尾纲 / 浮游幼虫
识别特征：有 4 对细长的口腕，外侧 1 对最长、对称，为后侧腕。它们的排列使虫体略呈三角形。口位于底部。肛门开在三角形顶端的腹面。
地理分布及习性：分布广泛，在渤海、黄海常可采到，有时数量较多。
照片来源：黄河三角洲地区邻近海域

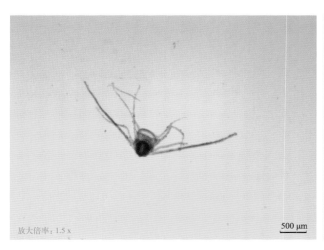
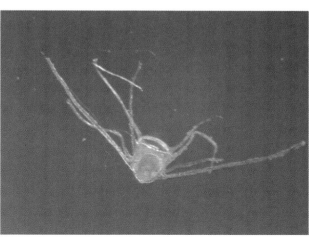

海参纲耳状幼虫 Auricularia larva

中文种名：海参纲耳状幼虫

英文名称：Auricularia larva

分类地位：棘皮动物门 / 海参纲 / 浮游幼虫

识别特征：左右对称。口位于腹面中央，肛门开口于后端，具有口前纤毛环和口后纤毛环，2 个纤毛环没有完全分开，各腕很短小。

地理分布及习性：近海分布较广，渤海、黄海繁殖季节较为常见。

照片来源：黄河三角洲地区邻近海域

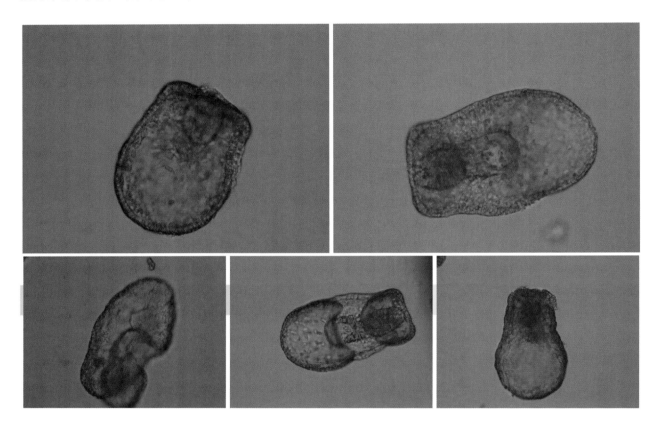

第三部分
常见底栖生物
Benthos

　　海洋底栖生物是指那些以海洋沉积物底内、底表以及水中物体（包括生物体和非生物体）为依托而栖息的生物生态类群。海洋底栖生物自潮间带至海洋深渊均有分布，是海洋生物中种类最多、生态关系最复杂的类群，在海洋生态系统能量流动和物质循环中有着举足轻重的作用。根据通过筛网的大小，海洋底栖生物可以分成大型、小型和微型三类。大型底栖生物是指不能通过孔径为 0.5 毫米网筛的底栖生物。大型底栖生物多数种类由于活动范围有限甚至营固着生活，生活方式与游泳动物和浮游生物显著不同，对逆境的逃避相对迟缓，受环境影响更为深刻。按照类群主要分为环节动物门、软体动物门、节肢动物门、棘皮动物门等。

　　该部分共收录黄河三角洲地区邻近海域常见底栖生物 120 种，隶属于 27 目 78 科 106 属。其中环节动物门 30 种，隶属于 1 门 7 目 19 科 27 属；软体动物门 53 种，隶属于 1 门 12 目 32 科 46 属；节肢动物门 32 种，隶属于 1 门 4 目 22 科 28 属；棘皮动物门 5 种，隶属于 1 门 4 目 5 科 5 属。

双齿围沙蚕 *Perinereis aibuhitensis*

中文种名：双齿围沙蚕

拉丁种名：*Perinereis aibuhitensis*

分类地位：环节动物门 / 多毛纲 / 沙蚕目 / 沙蚕科 / 围沙蚕属

识别特征：口前叶近似梨形。触手稍短于触角。最长触须后伸达第 6 至第 8 刚节。吻除Ⅵ区具 2 ~ 3 个扁齿外，其余具圆锥形齿：Ⅰ区 2 ~ 4 个，Ⅱ区 12 ~ 18 个，Ⅲ区 30 ~ 54 个，Ⅳ区 18 ~ 25 个，Ⅴ区 2 ~ 4 个，Ⅶ区、Ⅷ区 35 ~ 45 个排成两排。大颚侧齿 6 ~ 7 个。体中部疣足上、下背舌叶尖细、稍长于背须，前后腹刚叶与下腹舌叶几乎等长。腹须短。背刚毛为等齿刺状，腹刚毛为等齿、异齿刺状和异镰刀形。

地理分布及习性：分布于我国沿岸潮间带；菲律宾、马绍尔群岛也有分布。

照片来源：黄河三角洲地区邻近海域

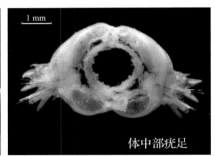

体中部疣足

全刺沙蚕 *Nectoneanthes oxypoda*

中文种名：全刺沙蚕

拉丁种名：*Nectoneanthes oxypoda*

分类地位：环节动物门 / 多毛纲 / 沙蚕目 / 沙蚕科 / 全刺沙蚕属

识别特征：口前叶近三角形。具两个触手、两个触角、眼两对矩形排列，最长触须后伸达第 4 至第 5 刚节。吻具圆锥形齿：Ⅰ区 1 ~ 5 个，Ⅱ区 26 ~ 34 个，Ⅲ区一堆 10 ~ 20 个、Ⅳ区 29 ~ 34 个呈三角堆，Ⅴ区 1 ~ 2 个，Ⅵ区 11 ~ 16 个为椭圆形堆，Ⅶ区、Ⅷ区由多排小齿不规则地排成横带。体前部具双叶型疣足，3 个大的背舌叶。约从第 14 刚节开始，上背舌叶向两侧扩大中部凹陷、背须位于其中。体中部的上背舌叶继续增大变宽，背须位于深凹陷中，体后部上背舌叶为长方形、背须位于其顶部。背、腹刚毛皆为等齿刺状。

地理分布及习性：生活于我国沿岸潮间带泥滩、渤海（20 米）、黄海（10 米）处。

照片来源：黄河三角洲地区邻近海域

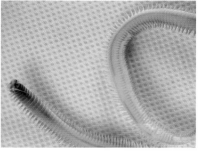
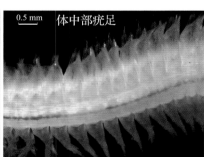

体后部疣足

体中部疣足

琥珀刺沙蚕 *Neanthes succinea*

中文种名：琥珀刺沙蚕

拉丁种名：*Neanthes succinea*

分类地位：环节动物门 / 多毛纲 / 沙蚕目 / 沙蚕科 / 刺沙蚕属

识别特征：口前叶近似三角形，最长触手后伸达第 4 至第 5 刚节。吻各区具圆锥形齿。Ⅰ区 3 ~ 6 个堆状，Ⅱ区 2 ~ 3 弯曲排 18 ~ 24 个，Ⅲ区椭圆形堆 20 ~ 25 个，Ⅳ区弯曲堆 22 ~ 28 个，Ⅴ区 2 ~ 5 个，Ⅵ区一堆 5 ~ 8 个，Ⅶ区、Ⅷ区 3 横排、近颚环的两排齿大、靠近口环的一排齿小。大颚黄色透明、具 8 ~ 9 个侧齿。体前部疣足具 2 个背舌叶，上背舌叶较大呈三角形，至体中后部上背舌叶向上延伸为叶状；中背舌叶变小为一突起，背须位于上背舌叶末端一侧。背、腹须为须状。背刚毛皆为等齿刺状，腹刚毛为等齿、异齿刺状和异齿镰刀形。

地理分布及习性：广布种。欧洲沿岸海域、地中海、北美大西洋沿岸的优势种。我国渤海及日本近岸均有分布，生活于各种生境中。

照片来源：黄河三角洲地区邻近海域

红角沙蚕 *Ceratonereis erythraeensis*

中文种名：红角沙蚕

拉丁种名：*Ceratonereis erythraeensis*

分类地位：环节动物门 / 多毛纲 / 沙蚕目 / 沙蚕科 / 角沙蚕属

识别特征：口前呈叶梨形，两对眼矩形排列。最长触须后伸达第 6 至第 7 刚节。吻区仅颚环具圆锥形齿：Ⅰ区 14 ~ 17 个排成一堆，Ⅱ区 21 ~ 24 个 2 ~ 4 斜排，Ⅲ区 50 ~ 60 个呈不规则的 2 ~ 4 横排，Ⅳ区 30 ~ 40 个 2 ~ 3 弯曲排。体前部和体中部疣足的上背舌叶比下背舌叶长且细、背须短于上背舌叶。体中部疣足腹足叶宽大末端圆、下腹舌叶短指状。体后部疣足背舌叶长指状，背须几乎为背舌叶的 1 倍，腹舌叶长末端钝。自第 21 至第 22 刚节起伪复型刚毛转变为简单刚毛。

地理分布及习性：分布于我国沿岸潮间带，澳大利亚西海岸、印度洋、红海、日本近海也有分布。栖于粗砂管或软泥管内。

照片来源：黄河三角洲地区邻近海域

背褶沙蚕 *Tambalagamia fauveli*

中文种名： 背褶沙蚕

拉丁种名： *Tambalagamia fauveli*

分类地位： 环节动物门 / 多毛纲 / 沙蚕目 / 沙蚕科 / 背褶沙蚕属

识别特征： 口前叶前缘具深裂，具1对触手、1对触角，眼两对几乎等大。触须最长者后伸可达第6至第8刚节。1对大颚浅黄色无侧齿。吻仅口环具锥状软乳突：V区、VI区5个排成一横排，VII区、VIII区7个排成一横排。前两对疣足附加背须（上背舌叶）与背须皆位于须基上，约等长；第15刚节须基变长，背须紧靠附加背须故似双背须；以后刚节附加背须消失，背须直接位于长的须基上。皆具双腹须。第25刚节后，体背面出现横褶。刚毛皆为等齿刺状。

地理分布及习性： 分布于我国的黄海、渤海和南海海域；印度、斯里兰卡、越南、日本等国近海也有分布。生活于我国黄海、渤海（约39米）、南海（约60米）砾石碎贝壳的泥沙底，虫体常穴居于填满泥沙的空贝壳中。

照片来源： 黄河三角洲地区邻近海域

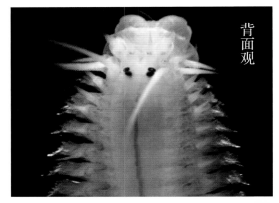

背面观

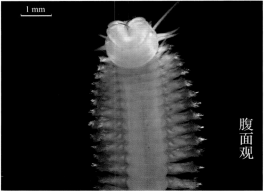

1 mm

腹面观

多鳃齿吻沙蚕 *Nephtys polybranchia*

中文种名： 多鳃齿吻沙蚕

拉丁种名： *Nephtys polybranchia*

分类地位： 环节动物门 / 多毛纲 / 沙蚕目 / 齿吻沙蚕科 / 齿吻沙蚕属

识别特征： 椭圆形口前叶位于前3刚节上方，1对小眼位于口前叶后背面，两对小触手位于前缘。吻圆柱形，前缘具分叉和不分叉的缘乳突，表面近前端具20纵行，每行6～7个乳突（无背中乳突）。第1刚节腹足刺叶钝，前、后刚叶很发达，腹须指状；背足刺叶小，背须指状。体中部疣足足刺叶圆，背须小位于间须基部，腹须稍长、指状。间须始于第4刚节止于体后端。体中部间须叶状，稍外弯无附属须。后刚叶无叉状刚毛。

地理分布及习性： 分布于我国沿岸；印度、越南、日本等国近海也有分布。栖于潮间带下区细砂中。

照片来源： 黄河三角洲地区邻近海域

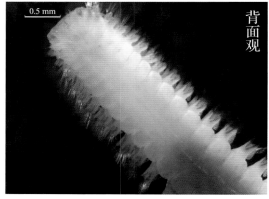

0.5 mm

背面观

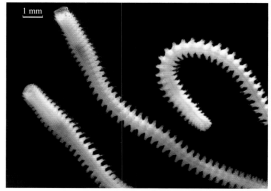

1 mm

寡鳃齿吻沙蚕 *Nephtys oligobranchia*

中文种名：寡鳃齿吻沙蚕

拉丁种名：*Nephtys oligobranchia*

分类地位：环节动物门 / 多毛纲 / 沙蚕目 / 齿吻沙蚕科 / 齿吻沙蚕属

识别特征：口前叶呈椭圆形，具两对小触手。1 对小眼位于口前叶背后缘。翻吻圆柱状，前缘具端乳突，吻前表面具 22 纵行，每行 4 ~ 5 个乳突，具 1 个较大的中背乳突，吻基部平滑。疣足间须叶状，始于第 6 至第 8 刚节，止于体后前第 20 刚节。第 1 刚节背足刺叶圆锥形、前后刚叶小但明显；腹足刺叶有时长于背足刺叶且钝圆锥形，前后刚叶发达为圆形。体中部疣足背足刺叶圆锥形，背前刚叶斜圆锥形、稍小于背足刺叶，背后刚叶圆，小于足刺叶；腹足刺叶圆锥形，前、后腹刚叶皆圆且小于腹足刺叶。腹须很短且细。体前部前刚叶具梯形刚毛、后刚叶具细侧齿或粗齿毛状刚毛，腹足叶上部具叉状刚毛。

地理习性及分布：分布于我国沿岸；印度、越南近海也有分布。栖于潮下带泥底，广盐种；亦见于河口区的淡水中。

照片来源：黄河三角洲地区邻近海域

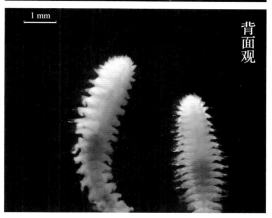

1 mm

背面观

加州齿吻沙蚕 *Nephtys californiensis*

中文种名：加州齿吻沙蚕

拉丁种名：*Nephtys californiensis*

分类地位：环节动物门 / 多毛纲 / 沙蚕目 / 齿吻沙蚕科 / 齿吻沙蚕属

识别特征：口前叶呈卵圆形，长大于宽，具两对触手，后部具一"十"字形色斑，又名翔鹰齿吻沙蚕。吻具 20 个分叉的端乳突和两个较小的中央端乳突，吻表面具 22 纵行，每行有 5 ~ 6 个逐渐变小的乳突，无背中乳突。间须始于第 3 刚节止于体后前几节，外弯呈镰刀形。背须位于间须旁，基部常见一突起。疣足足刺叶前端具缺刻，前刚叶比足刺叶小，后刚叶比足刺叶大。足刺后的刚毛细毛具细侧齿，足刺前具较短的梯形刚毛。

地理分布及习性：我国沿岸均有分布；北太平洋两岸种。多栖于潮间带中潮区沙滩。

照片来源：黄河三角洲地区邻近海域

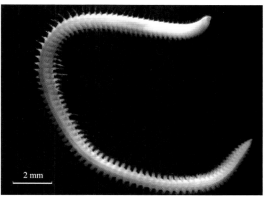

2 mm

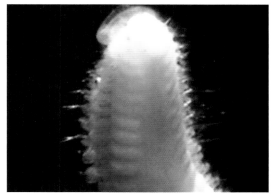

中华内卷齿蚕 *Aglaophamus sinensis*

中文种名：中华内卷齿蚕

拉丁种名：*Aglaophamus sinensis*

分类地位：环节动物门 / 多毛纲 / 沙蚕目 / 齿吻沙蚕科 / 内卷齿蚕属

识别特征：口前叶近卵圆形，背面具"人"字形色斑，两对触手。无眼，吻粗棒状，前缘具 22 个端乳突，吻表面近前端平滑，其后具 14 纵排，每纵排 20 ～ 30 个表面乳突。第 1 刚节疣足前伸，足刺叶短圆，前、后刚叶退缩，无背须，具发达的腹须。间须始于第 2 刚节，较长且内卷。体中部疣足背须长叶状，间须位于基部，背足刺叶圆三角形具一指状突起，背前刚叶小，背后刚叶上叶较大；腹足刺叶具一小的指状上叶，腹前刚叶小，腹后刚叶长为足刺叶长的两倍；腹须与背须同形稍长。前刚毛比后刚毛短，为梯形刚毛，后刚毛细长而平滑，无叉状刚毛。

地理分布及习性：分布于我国沿岸潮间带；越南也有分布。

照片来源：黄河三角洲地区邻近海域

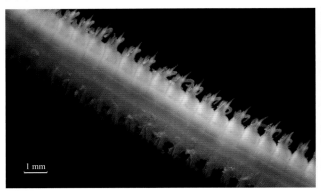
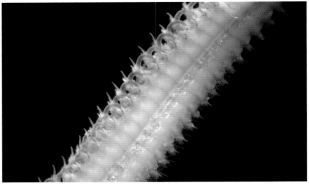

膜质伪才女虫 *Pseudopolydora kempi*

中文种名：膜质伪才女虫

拉丁种名：*Pseudopolydora kempi*

分类地位：环节动物门 / 多毛纲 / 海稚虫目 / 海稚虫科 / 伪才女虫属

识别特征：口前叶前具缺刻，脑后脊止于第 3 或第 4 刚节。两对眼呈梯形排列，后头触手位于眼后。1 对有沟触角粗长具皱褶，后伸可达第 10 至第 17 刚节。带状鳃始于第 7 刚节，止于第 30 多刚节，不与背足后刚叶愈合。第 1 刚节背后刚叶无刚毛，第 2 刚节刚叶始发达。第 5 刚节变形刚毛排成丁状，一排为具翅旗状刚毛，一排为稍弯曲足刺刚毛，具翅旗状刚毛柄部无收缩部。尾部盘状，背面末端具两指状叶。

地理分布及习性：分布于我国黄海、渤海潮间带和浅海泥沙滩或河口区；南非、印度沿岸、日本、朝鲜近海也有分布。

照片来源：黄河三角洲地区邻近海域

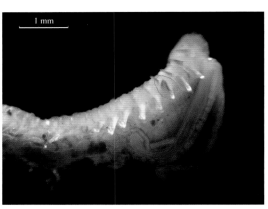

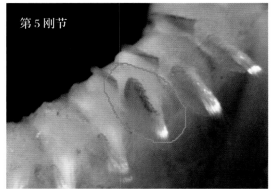
第 5 刚节

鳞腹沟虫 *Scolelepis squamata*

中文种名：鳞腹沟虫

拉丁种名：*Scolelepis squamata*

分类地位：环节动物门 / 多毛纲 / 海稚虫目 / 海稚虫科 / 腹沟虫属

识别特征：口前叶尖，脑后脊达第2刚节，无后头触手。围口节形成侧翼。鳃始于第2刚节，部分与背足后刚叶愈合。体中、后部鳃与背足后刚叶稍分离。双齿巾钩刚毛始于第35至第41刚节腹足叶和第70多刚节后的背足叶上。背、腹毛状刚毛具窄边。肛部盘状，边缘中间有凹裂。

地理分布及习性：广布种。分布于我国黄海、渤海潮间带；北大西洋、新英格兰到佛罗里达、加拿大到南加利福尼亚也有分布。栖于高潮带到25米深的泥沙、细砂或石块下沉积物中。

照片来源：黄河三角洲地区邻近海域

背面观

后稚虫 *Laonice cirrata*

中文种名：后稚虫

拉丁种名：*Laonice cirrata*

分类地位：环节动物门 / 多毛纲 / 海稚虫目 / 海稚虫科 / 后稚虫属

识别特征：口前叶圆、后伸为脑后脊，后伸达第9至第10刚节。具一后头触手。鳃始于第2刚节34～41对，不与背足叶相连。第2至第4刚节鳃不发达，从第5刚节开始鳃长于背足叶，有鳃的背足叶呈很大的叶片状，以后慢慢变小，腹足叶椭圆形。生殖囊始于第5至第8刚节间，体后端无生殖囊。腹巾钩刚毛始于第35至第43刚节，双齿。肛须8根。

地理分布及习性：世界分布。从北极到南极，浅海到深水均有分布，常栖于淤泥沙中。生活于我国黄海、渤海潮下带（泥沙或泥沙碎贝壳，10～60米）。

照片来源：黄河三角洲地区邻近海域

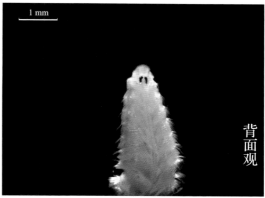

背面观

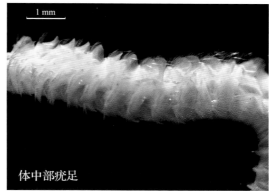

体中部疣足

日本中磷虫 *Mesochaetopterus japonicus*

中文种名：日本中磷虫

拉丁种名：*Mesochaetopterus japonicus*

分类地位：环节动物门／多毛纲／海稚虫目／磷虫科／中磷虫属

识别特征：口前叶小，呈圆锥形无色斑，围口节扁圆，具1对细长的有沟触角。躯干部分为3区：前区扁平9个刚节，第4刚节疣足叶短圆，上具数根斜截形粗刚毛，其余刚节具矛状背刚毛；中区3个刚节，疣足多退化，第1节正方形，具1对须状突起的背叶和1对腹叶，整个背面被分泌发光物的褐色腺体所覆盖，第2节为圆柱形，并具1对大的翼状背叶伸向左右两侧，第3节两侧具1对片状突起，背中线具生殖腺，后面具一舟状吸盘；后区具20～45刚节，背叶小为乳突状，具1束刺状刚毛，腹叶具齿片，其上有8～9个齿。

地理分布及习性：分布于我国黄海、渤海潮下带多细砂的海滩及日本海域。

照片来源：黄河三角洲地区邻近海域

前区

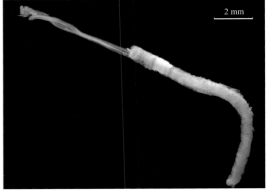

岩虫 *Marphysa sanguinea*

中文种名：岩虫

拉丁种名：*Marphysa sanguinea*

分类地位：环节动物门／多毛纲／矶沙蚕目／矶沙蚕科／岩虫属

识别特征：口前叶呈双叶形，5个后头触手，中间触手最长。前围口节为后围口节宽的两倍。体前部疣足具发达的后叶、指状背须和圆锥形腹须。后背、腹须皆减小为指状。鳃始于第24至第50刚节，止于体后端，鳃初始为一结节状突起，至体中部每束达4～7根鳃丝，体后部减少至1根。足刺上方具毛状刚毛、刷状刚毛；足刺下方具复刺状刚毛，足刺状刚毛黄色具双齿和小的巾（鞘），具2～8根稍钝的黑色足刺。

地理分布及习性：为三大洋暖水中广布种。我国沿岸潮间带、潮下带习见。

照片来源：黄河三角洲地区邻近海域

背面观

腹面观

异足索沙蚕 *Lumbrineris heteropoda*

中文种名：异足索沙蚕

拉丁种名：*Lumbrineris heteropoda*

分类地位：环节动物门 / 多毛纲 / 矶沙蚕目 / 索沙蚕科 / 索沙蚕属

识别特征：口前叶呈圆锥形，长近等于宽。前围口节稍长于后围口节。下颚黑褐色、前端宽直，后端细长。上颚基长且宽、基部稍尖具侧缺刻。前几节疣足小，具圆形或斜截形的前叶和稍大的圆锥形后叶，体中部疣足前后叶等大，体后部疣足后叶变长叶状向上斜伸，背部近体壁处具乳突状突起。第35刚节前仅具翅毛状刚毛，从第36刚节起具简单多齿巾钩刚毛。体后端30余刚节密集变小，肛节具4根肛须。

地理分布及习性：分布于我国沿岸潮间带及潮下带；南萨哈林、波斯湾、印度、越南、日本也有分布。

照片来源：黄河三角洲地区邻近海域

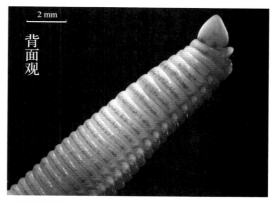

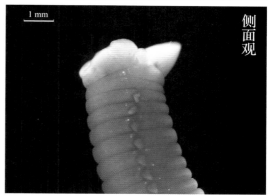

丝异须虫 *Heteromastus filiformis*

中文种名：丝异须虫

拉丁种名：*Heteromastus filiformis*

分类地位：环节动物门 / 多毛纲 / 囊吻目 / 小头虫科 / 丝异须虫属

识别特征：体细呈长线形。胸、腹部分界不明显。第1体节无刚毛。胸部有11刚节，前5刚节背、腹足叶具毛状刚毛，第6至第11刚节背、腹足叶仅具巾钩状刚毛。腹部背、腹足叶均具巾钩刚毛。鳃始于第70至第80体节、腹足叶上方，不明显。生殖孔位于胸部体节。巾钩刚毛巾长为宽的两倍多，主齿上方有3～6个小齿。

地理分布及习性：我国黄海、渤海和南海均有分布。常栖息于潮间带泥沙滩，尤其是河口区。

照片来源：黄河三角洲地区邻近海域

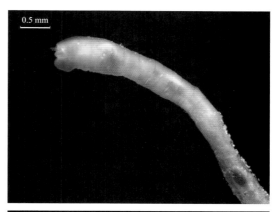

独指虫 *Aricidea fragilis*

中文种名：独指虫

拉丁种名：*Aricidea fragilis*

分类地位：环节动物门 / 多毛纲 / 囊吻目 / 异毛虫科 / 独指虫属

识别特征：口前叶呈圆锥形，无眼，后缘有一中触手，可达第 2 体节。疣足双叶型。体分前、后区：前区鳃始于第 4 刚节，30 ~ 50 对。有鳃区体宽扁。鳃柳叶状具纤毛，背叶前刚叶长指状，腹叶前刚叶为指状突起，背、腹刚毛有光滑、细毛毛状；后区无鳃，背叶须状，腹叶不明显，背刚毛同前区，腹刚毛为变形的伪复型刚毛，一侧有细毛。

地理分布及习性：分布于我国的黄海、渤海和东海；美国大西洋沿岸墨西哥湾，非洲沿岸也有分布。生活于我国黄海、渤海和东海潮间带到 50 米、软泥和泥沙中。

照片来源：黄河三角洲地区邻近海域

长锥虫 *Haploscoloplos elongates*

中文种名：长锥虫

拉丁种名：*Haploscoloplos elongates*

分类地位：环节动物门 / 多毛纲 / 囊吻目 / 锥头虫科 / 锥虫属

识别特征：口前叶呈锥形，胸、腹部以第 15 至第 20 刚节为界。鳃始于第 12 至第 16 刚节，开始乳突状后逐渐变为长柱状，具缘须。胸部：背足叶、腹足叶均为枕状垫、上有一乳突，约第 15 至第 18 刚节背、腹足叶呈小叶状。仅具横排锯齿的毛刚毛。腹部：背足叶叶片状，无内须；腹足叶分一大一小两叶，无腹须。

地理分布及习性：分布于我国黄海、渤海、南海潮间带及潮下带；日本、阿拉斯加、加利福尼亚、加拿大、墨西哥等国近海也有分布。

照片来源：黄河三角洲地区邻近海域

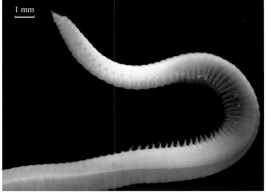

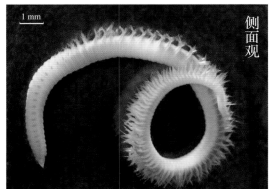

侧面观

渤海格鳞虫 *Gattyana pohaiensis*

中文种名：渤海格鳞虫

拉丁种名：*Gattyana pohaiensis*

分类地位：环节动物门 / 多毛纲 / 叶须虫目 / 多鳞虫科 / 格鳞虫属

识别特征：口前叶哈鳞虫型，前侧缘平整，前侧黄褐色，额角不明显。吻具 9+9 个端乳突。3 个头触手，中央触手最长。触手、触角、触须和背须均无细长的乳突。15 对背鳞完全盖住背面，鳞片表面密生刺状小结节，前缘具缘穗。疣足呈双叶型，背须细长，背刚毛细，密集成束，具细长末端；腹刚毛稍粗，末端单齿或无齿，具侧锯齿。

地理分布及习性：分布于我国黄海、渤海潮间带、潮下带泥沙滩。

照片来源：黄河三角洲地区邻近海域

背面观

头部（背面观）

寡节甘吻沙蚕 *Glycinde gurjanovae*

中文种名：寡节甘吻沙蚕

拉丁种名：*Glycinde gurjanovae*

分类地位：环节动物门 / 多毛纲 / 叶须虫目 / 角吻沙蚕科 / 甘吻沙蚕属

识别特征：口前叶呈尖锥形，末端 4 个小头触手，具 8 ～ 9 个环轮。吻长柱形，前端具软乳突、2 个大颚和 4 ～ 14 个小颚，吻壁具纵排的吻器。体前部具 19 ～ 22 个单叶型疣足；体后部双叶型疣足。背须平滑前端无缺刻。具 2 ～ 3 根瘤足刺状背刚毛，复刺状腹刚毛。

地理分布及习性：分布于我国渤海软泥底（20 ～ 26 米），黄海潮间带下区泥沙滩、潮下带也有分布。

照片来源：黄河三角洲地区邻近海域

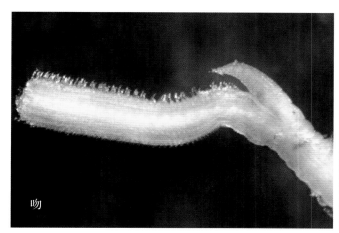

吻

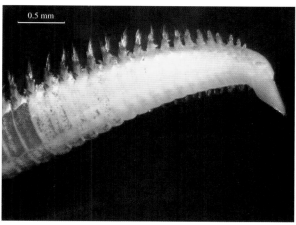

日本角吻沙蚕 *Goniada japonica*

中文种名：日本角吻沙蚕

拉丁种名：*Goniada japonica*

分类地位：环节动物门 / 多毛纲 / 叶须虫目 / 角吻沙蚕科 / 角吻沙蚕属

识别特征：口前叶具 4 个小触手，9 个环轮。吻具 16 ～ 18 个软乳突、2 个大颚、16 个背小颚和 11 个腹小颚；吻基部具 13 ～ 22 个 "V" 形齿片。吻器心形。体前部 76 ～ 80 个刚节具单叶型疣足；体后部具双叶型疣足；上背舌叶三角形，腹叶两个前刚叶，一个后刚叶。背须三角形、腹须指状。具 2 ～ 3 根粗刺状背刚毛和一束复刺状腹刚毛。

地理分布及习性：分布于我国及日本沿海。生活在我国渤海（23 米）软泥碎壳、黄海潮间带、东海（47 ～ 54 米）砂质泥中。

照片来源：黄河三角洲地区邻近海域

色斑角吻沙蚕 *Goniada maculata*

中文种名：色斑角吻沙蚕

拉丁种名：*Goniada maculata*

分类地位：环节动物门 / 多毛纲 / 叶须虫目 / 角吻沙蚕科 / 角吻沙蚕属

识别特征：口前叶具 10 个环轮。吻基部两侧各具 9 ～ 12 个 "V" 形小齿片，吻前端 2 个大颚、4 个背小颚、3 个腹小颚，吻器心形、短。体前部具 41 ～ 43 个单叶型疣足、背须叶片状、腹须指状；体后部双叶型疣足扁平，其腹叶具两个指状前刚叶和 1 个宽大稍短的后刚叶。腹须指状、背须与上背舌叶之间具 1 束毛状刚毛、复刺状腹刚毛。

地理分布及习性：分布于西欧、北美东北部、北太平洋，我国渤海（25 ～ 26 米）软泥底、黄海（30 ～ 60 米）软泥和砂质泥底、东海、南海北部湾均有分布。

照片来源：黄河三角洲地区邻近海域

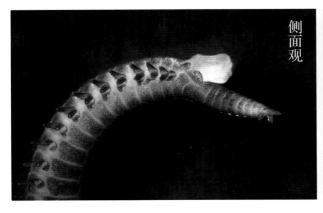

长吻沙蚕 *Glycera chirori*

中文种名：长吻沙蚕
拉丁种名：*Glycera chirori*
分类地位：环节动物门 / 多毛纲 / 叶须虫目 / 吻沙蚕科 / 吻沙蚕属
识别特征：口前叶短，呈圆锥形，具 10 个环轮。吻器圆锥形或球形。副颚仅具一长而粗的翅。典型疣足：
两个前刚叶、两个后刚叶，两个前刚叶近等长，基部宽圆前端突然收缩；背后刚叶稍短，而腹后
刚叶短而圆。背须瘤状，位于疣足基部上方。一个可伸缩的鳃，位于疣足前方。
地理分布及习性：分布于我国沿岸及日本附近海域。生活在我国黄海、渤海潮间带、潮下带（17～53 米）。
栖于底质软泥。喜群集。
照片来源：黄河三角洲地区邻近海域

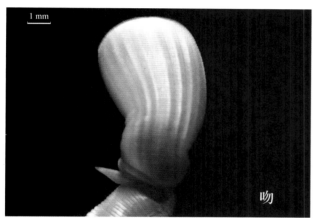

长突半足沙蚕 *Hemipodus yenourensis*（*Hemipodia yenourensis*）

中文种名：长突半足沙蚕
拉丁种名：*Hemipodus yenourensis*（*Hemipodia yenourensis*）
分类地位：环节动物门 / 多毛纲 / 叶须虫目 / 吻沙蚕科 / 半足沙蚕属
识别特征：口前叶呈圆锥形，具 4 个长的头触手。吻呈桶状。颚发达，具三角形突起、副颚呈长棒状。吻
表面具细长的吻器。躯干部具捻珠状体节，每节具 3 环轮。疣足单叶型，前刚叶具宽的基部和
柳叶形的前端；后刚叶半圆形比前刚叶宽。具复刺状刚毛。
地理分布及习性：分布于我国沿岸及日本附近海域。生活于我国黄海、渤海潮间带中上区沙滩的石块下。
照片来源：黄河三角洲地区邻近海域

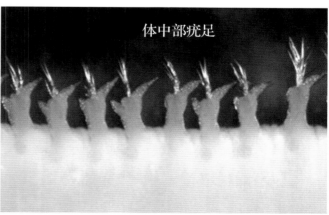

日本强鳞虫 *Sthenolepis japonica*

中文种名：日本强鳞虫

拉丁种名：*Sthenolepis japonica*

分类地位：环节动物门 / 多毛纲 / 叶须虫目 / 锡鳞虫科 / 强鳞虫属

识别特征：口前叶具两对眼，前对眼小，位于中触手基部两侧。中触手具耳状突，触角细长。第 3 对疣足有锥状瘤，不是真背须。疣足的背、腹叶具茎状突起、平滑。从第 5 刚节起具须状鳃，于无鳞片的体节上。背刚毛为单侧齿毛状刚毛；腹刚毛为双锯齿刺状和复型长刺状，端片具横纹。鳞片卵圆形或肾形，表面光滑无乳突。

地理分布及习性：分布于我国黄海、渤海潮下带；印度太平洋、孟加拉湾、阿拉伯海、日本沿岸也有分布。

照片来源：黄河三角洲地区邻近海域

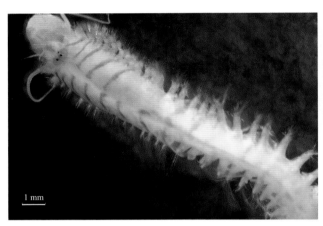

1 mm

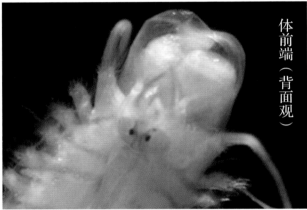

体前端（背面观）

栗色仙须虫 *Nereiphylla castanea*

中文种名：栗色仙须虫

拉丁种名：*Nereiphylla castanea*

分类地位：环节动物门 / 多毛纲 / 叶须虫目 / 叶须虫科 / 仙须虫属

识别特征：口前叶呈圆形，头触手 4 个。触须扁末端尖。第 2 体节背触须最长，后伸可达第 6 体节。背须心形，长大于宽、具尖端；体前端的疣足背须完全覆盖于背部。刚毛叶短，具小、圆的上、下唇。腹须卵圆形、较疣足叶长。刚毛柄部具刺、端片具细齿缘。肛须长大于宽，为 3 ~ 4 倍。

地理分布及习性：分布于我国沿岸；鄂霍次克海、日本海，印度、斯里兰卡、澳大利亚、新西兰及美国加利福尼亚沿岸也有分布。属于亚热带、热带的广布种。

照片来源：黄河三角洲地区邻近海域

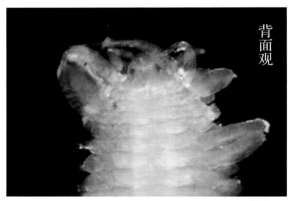

背面观

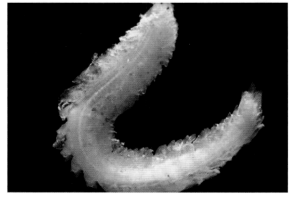

拟特须虫 *Paralacydonia paradoxa*

中文种名：拟特须虫

拉丁种名：*Paralacydonia paradoxa*

分类地位：环节动物门 / 多毛纲 / 叶须虫目 / 特须虫科 / 拟特须虫属

识别特征：口前叶呈椭圆形。头触手两节，口前叶背侧具 2 条纵沟。无眼。吻无乳突。第 1 体节无疣足，第 2 体节疣足不发达，其余为双叶型。背、腹刚叶相距很宽，前刚叶椭圆形，具缺刻内具足刺；后刚叶呈圆形。背刚叶稍短于腹刚叶。简单型背刚毛，复刺型腹刚毛，下方具 1 ～ 2 根简单刚毛。肛部具 2 根长肛须。

地理分布及习性：广布种。分布于我国黄海、渤海（7 ～ 25 米）、南海；地中海、摩洛哥、南非、北美大西洋和太平洋沿岸及印度尼西亚、新西兰北部也有分布。

照片来源：黄河三角洲地区邻近海域

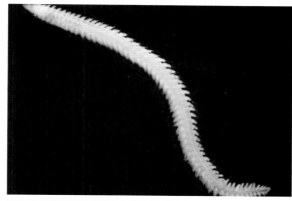

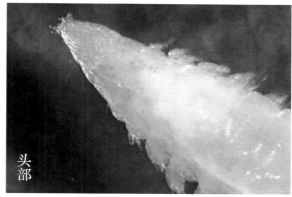

头部

刚鳃虫 *Chaetozone setosa*

中文种名：刚鳃虫

拉丁种名：*Chaetozone setosa*

分类地位：环节动物门 / 多毛纲 / 蛰龙介目 / 丝鳃虫科 / 刚鳃虫属

识别特征：口前叶呈圆锥形、无眼；围口节 3 环轮，1 对有纵沟的触角位于第 1 刚节前缘背侧面。鳃丝始于第 1 刚节至体中部、紧靠背刚毛。毛状刚毛始于第 1 刚节至体中部，长约为体节长的 4 倍。腹足刺刚毛始于第 1 刚节。背足刺刚毛始于第 3 刚节直至体后。

地理分布及习性：分布于我国黄海、渤海潮间带；北太平洋白令海、日本海及美国加利福尼亚沿岸也有分布。

照片来源：黄河三角洲地区邻近海域

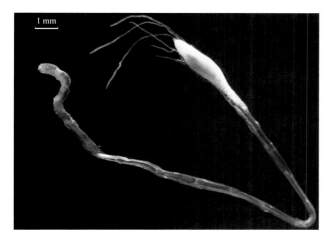

1 mm

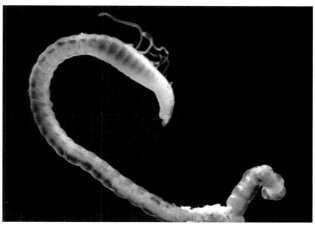

梳鳃虫 *Terebellides stroemii*

中文种名：梳鳃虫
拉丁种名：*Terebellides stroemii*
分类地位：环节动物门 / 多毛纲 / 蛰龙介目 / 毛鳃虫科 / 梳鳃虫属
识别特征：虫体为均匀的长锥状。头罩背面有很多须状触手，具皱褶，腹面愈合成领状唇。无眼。第 2 至第 4 体节上有 1 个粗柄的鳃，柄具 4 个梳状瓣鳃。胸区具 18 刚节，第 1 刚节始于第 3 体节，背刚毛翅毛状，腹刚毛单齿足刺状。后腹刚毛具长柄，主齿弯曲，其上有数个小齿。腹区齿片鸟嘴状，主齿上具多行小齿。
地理分布及习性：广布种。分布于我国黄海、渤海及南海；生活于潮下带 10 ～ 52 米、软泥或泥沙中。
照片来源：黄河三角洲地区邻近海域

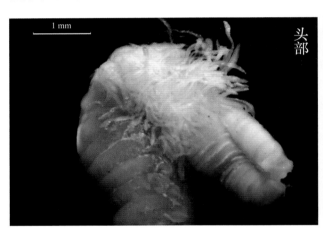

不倒翁虫 *Sternaspis scutata*

中文种名：不倒翁虫
拉丁种名：*Sternaspis scutata*
分类地位：环节动物门 / 多毛纲 / 不倒翁虫目 / 不倒翁虫科 / 不倒翁虫属
识别特征：体呈卵圆哑铃形，具 20 ～ 22 体节。体前 7 节能伸缩。体表覆有丝绒状细乳突。口前叶小(乳突状)。前 3 节各具 1 排足刺刚毛，12 ～ 14 根。1 对生殖乳突位于第 7 节上，后 8 体节具纤细的刚毛。体后腹面具楯板（斜长方形）。楯板边缘具 15 ～ 17 束细而光滑的毛状刚毛。鳃丝多、卷曲状从楯板后缘生出。
地理分布及习性：本种为世界种。我国各海区潮下带常有分布。虫体以前 3 节的足刺刚毛在泥沙中掘穴取食，以体后的楯板盖于穴口，鳃外伸以行呼吸。
照片来源：黄河三角洲地区邻近海域

薄荚蛏　*Siliqua pulchella*

中文种名：薄荚蛏

拉丁种名：*Siliqua pulchella*

分类地位：软体动物门 / 双壳纲 / 帘蛤目 / 灯塔蛤科 / 荚蛏属

识别特征：壳呈长椭圆形，两壳侧扁，壳极薄脆，两端开口。两壳相等，两侧不等。壳顶位于壳长前方的 1/4 处。外韧带突出、黑褐色。背缘直，腹缘近平行。壳面平滑，具光泽，淡黄褐色壳皮，同心生长轮明显。壳内面为淡紫褐色，自壳顶向腹缘有一条白色、强壮的肋状突起，铰合部窄，两壳各具主齿 2 枚，无侧齿。左壳主齿小，后大而顶端分叉；右壳前主齿呈三角形，后主齿长。前闭壳肌痕梨形，后闭壳肌痕半圆形。外套窦较浅。

地理分布及习性：分布于黄海、渤海；日本、朝鲜半岛海域也有分布。生活在潮间带至水深 31 米的浅海。

照片来源：黄河三角洲地区邻近海域

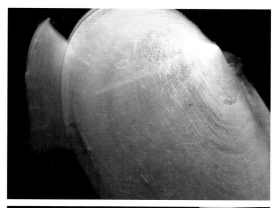

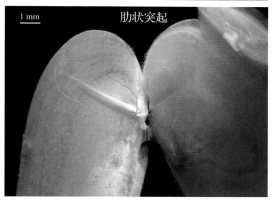

1 mm　　　　肋状突起

小刀蛏　*Cultellus attenuatus*

中文种名：小刀蛏

拉丁种名：*Cultellus attenuatus*

分类地位：软体动物门 / 双壳纲 / 帘蛤目 / 灯塔蛤科 / 刀蛏属

识别特征：贝壳长形、侧扁。前端圆，后端尖，腹缘向上斜升。壳顶低平，位于壳长的 1/4 处；外韧带突出、黑色。壳面具光滑的黄色壳皮，生长线细弱。壳内面白色；铰合部右壳具 2 枚主齿，左壳具 3 枚主齿、中央齿大、顶端两分叉；主齿前后有一条细长与背缘靠近并平行的肋状突起；前肌痕小而圆，后肌痕细长；外套窦浅而宽。

地理分布及习性：分布于我国沿岸；马尔加什、菲律宾、日本沿岸也有分布。生活在潮间带至水深 98 米的浅海区。

照片来源：黄河三角洲地区邻近海域

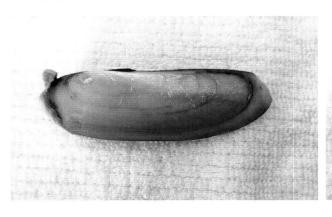

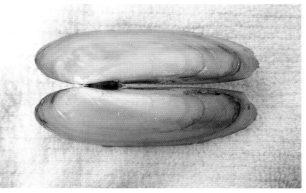

蛏蛏 *Sinonovacula lamarcki*

中文种名：蛏蛏

拉丁种名：*Sinonovacula lamarcki*

分类地位：软体动物门 / 双壳纲 / 帘蛤目 / 灯塔蛤科 / 蛏蛏属

识别特征：贝壳长方形，壳质薄。前后缘皆圆形，两端开口。壳顶低，位于背缘前端约为壳长的 1/3 处。外韧带。自壳顶向腹缘有一条微下陷的缢痕。生长纹粗糙，壳面被黄绿色壳皮。铰合部小，右壳 2 枚主齿，左壳 3 枚主齿、中央齿分叉。前、后闭壳肌痕近三角形，外套窦大、前端圆形。

地理分布及习性：分布于我国各海区及日本、越南沿岸。生活于潮间带中、下区或有少许淡水注入的内湾。

照片来源：黄河三角洲地区邻近海域

备注：该种原种名：*Solen constricta*。新的分类系统将其重新定名为：*Sinonovacula lamarcki*。

短竹蛏 *Solen dunkerianus*

中文种名：短竹蛏

拉丁种名：*Solen dunkerianus*

分类地位：软体动物门 / 双壳纲 / 帘蛤目 / 竹蛏科 / 竹蛏属

识别特征：贝壳短小，壳长约为壳高的 3 倍。壳质薄脆，前、后端开口，壳顶不明显，位于背部最前端。外韧带为褐色、突出。贝壳前后端且呈截形，后端略圆；背缘直或微上翘，腹缘末端略上斜，两者平行。壳面灰白色，被淡黄褐色壳皮并具光泽，生长线纹细弱。壳内、外颜色相近；左、右壳各有 1 枚主齿。

地理分布及习性：我国沿岸均有分布。生活于水深 12 ～ 90 米的浅海泥沙质海底。

照片来源：黄河三角洲地区邻近海域

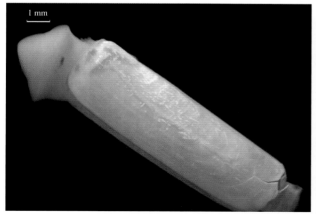 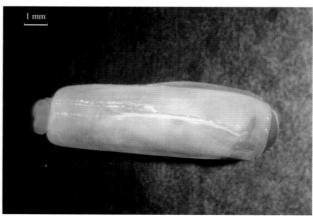

长竹蛏 *Solen strictus*

中文种名：长竹蛏
拉丁种名：*Solen strictus*
分类地位：软体动物门 / 双壳纲 / 帘蛤目 / 竹蛏科 / 竹蛏属
识别特征：贝壳细长，呈圆筒状，壳质薄脆。前缘为略倾斜的截形，后缘近截形，稍圆；背腹缘直，平行。壳顶位于前端、不突出；生长纹明显、细密。外韧带黄褐色，细长，约为壳长的 1/5。壳表面光滑，被一层黄褐色具光泽壳皮。壳内面白色或淡黄褐色；铰合部小，左右壳各具 1 枚主齿；前闭壳肌痕极细长，后闭壳肌痕近三角形，外套窦半圆形。
地理分布及习性：分布于我国各海区及日本海域。生活于潮间带中区至潮下带浅海的砂质海底。
照片来源：黄河三角洲地区邻近海域

秀丽波纹蛤 *Raeta pulchella*

中文种名：秀丽波纹蛤
拉丁种名：*Raeta pulchella*
分类地位：软体动物门 / 双壳纲 / 帘蛤目 / 蛤蜊科 / 勒特蛤属
识别特征：贝壳小型，壳质极薄脆，呈三角形；壳顶突出，小月面明显。壳表面白色。壳面不平，具绕壳顶起伏波浪状同心肋；生长线细密、不规则。前端圆，后端尖并开口。壳内面白色，具光泽，具同壳表相同的波状同心肋。前、后闭壳肌痕皆椭圆形。外韧带小、薄；内韧带大，呈三角形。右壳具"人"字形主齿，左壳主齿具"八"字形。
地理分布及习性：我国南北沿岸均有分布；为印度—西太平洋区广布种。生活于低潮线以下至水深 90 米的浅海底，穴居于褐色软泥或细泥沙中。
照片来源：黄河三角洲地区邻近海域

备注：该种曾经归入 *Raetellops* 属或亚属下，新的分类系统将其归入 *Raeta* 属下。

1 mm

四角蛤蜊 *Mactra quadrangularis*

中文种名：四角蛤蜊

拉丁种名：*Mactra quadrangularis*

分类地位：软体动物门 / 双壳纲 / 帘蛤目 / 蛤蜊科 / 蛤蜊属

识别特征：贝壳中等大，极膨胀，近四角形。壳顶突出，于壳背缘中部稍前。小月面、楯面明显，心脏形。壳表面白色，近腹缘处呈黄褐色；生长线细密，近壳顶部不明显至壳腹缘逐渐变粗凹凸不平。壳内面呈灰白色或紫色；内韧带发达，呈三角形，位于壳顶后的韧带槽中。左壳主齿具"人"字形，主齿后方和韧带前有 1 个片状齿；右壳主齿具"八"字形。两壳侧齿发达，都呈片状，左壳单片，右壳双片。外套窦不深。

地理分布及习性：分布于我国南北沿岸；日本、朝鲜半岛、俄罗斯远东沿岸海域也有分布。栖息于潮间带低潮线及潮线下 20 米内的砂质海底。

照片来源：黄河三角洲地区邻近海域

备注：中国学者曾将该种定名为 *Mactra veneriformis*，为无效种名。

中国蛤蜊 *Mactra chinensis*

中文种名：中国蛤蜊

拉丁种名：*Mactra chinensis*

分类地位：软体动物门 / 双壳纲 / 帘蛤目 / 蛤蜊科 / 蛤蜊属

识别特征：贝壳中等大小，呈三角形，壳表面平滑有光泽，具有黄褐色壳皮。壳质薄较坚硬。具成长纹，越近腹缘越明显，前后缘亦明显。后缘长于前缘。壳顶凸，为紫色，突出背缘，偏向前缘。无放射肋，自壳顶向腹缘有放射状的色带。壳内白色、有时蓝色。左壳具"八"字形主齿，前、后侧齿单片；右壳具"人"字形主齿，前、后侧齿双片。内韧带强壮，褐色。

地理分布及习性：主要分布在我国南北沿岸；日本、朝鲜沿岸也有分布。穴居于低潮线附近的沙中。

照片来源：黄河三角洲地区邻近海域

理蛤 *Theora lata*

中文种名：理蛤

拉丁种名：*Theora lata*

分类地位：软体动物门 / 双壳纲 / 帘蛤目 / 双带蛤科 / 理蛤属

识别特征：贝壳较小，扁平，壳质薄，半透明。壳略呈长卵圆形；壳顶低平，位于背部中央之前。壳前缘圆，后缘较细，腹缘呈弧形。壳表面呈白色，具光泽；表面生长纹细弱。外韧带弱，内韧带强大。外套窦长，顶端斜截形，腹缘大部分同外套线愈合。右壳主齿 2 枚，左壳主齿 1 枚。

地理分布及习性：分布于我国沿岸；日本、泰国沿岸也有分布。穴居于潮下带泥沙和软泥中及水深 9 ～ 50 米的海底。

照片来源：黄河三角洲地区邻近海域

内肋蛤 *Endopleura lubrica*

中文种名：内肋蛤

拉丁种名：*Endopleura lubrica*

分类地位：软体动物门 / 双壳纲 / 帘蛤目 / 双带蛤科 / 内肋蛤属

识别特征：壳型小，侧扁，壳质极脆薄，透明，白色，具光泽。壳顶低平，壳表面的生长线非常精细。外套窦长，部分与外套线愈合。自壳顶向前腹缘有一条放射状白色内肋。铰合部薄，外韧带退化，内韧带粗壮，在后腹缘的韧带槽内；右壳具 2 个小的主齿，前后各 1 个薄片状侧齿；左壳有 1 个三角形主齿，顶端分叉，前侧齿退化，后侧齿长。

地理分布及习性：分布于黄海、渤海及日本海域。栖息于潮下带浅水区的软泥底。

照片来源：黄河三角洲地区邻近海域

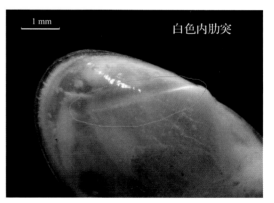

白色内肋突

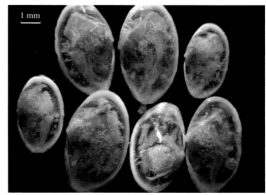

微小海螂 *Leptomya minuta*

中文种名：微小海螂
拉丁种名：*Leptomya minuta*
分类地位：软体动物门 / 双壳纲 / 帘蛤目 / 双带蛤科 / 小海螂属
识别特征：壳小，白色，壳质薄脆，半透明，两壳膨胀，略呈椭圆形。壳顶尖，近于中部。壳前部宽，前缘圆，后缘尖细，呈喙状。生长纹细弱，具细放射纹。铰合部窄，2 枚主齿。外套窦深，呈舌形，顶端圆，基本与外套线愈合。
地理分布及习性：分布于黄海、渤海、东海及日本海域。生活于潮下带，水深 60 米以内处。
照片来源：黄河三角洲地区邻近海域

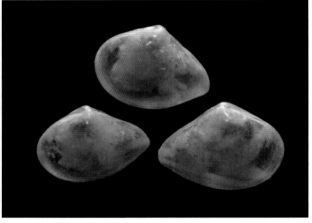

彩虹明樱蛤 *Moerella iridescens*

中文种名：彩虹明樱蛤
拉丁种名：*Moerella iridescens*
分类地位：软体动物门 / 双壳纲 / 帘蛤目 / 樱蛤科 / 明樱蛤属
识别特征：贝壳呈长椭圆形，壳质薄。壳两侧不等，两壳不能密闭，前、后端开口。壳顶稍靠后方。壳前端圆，后缘稍尖，具褶。壳表面白色或粉红色，具光泽，同心生长纹细密。壳内面颜色与壳表略同。闭壳肌痕明。外韧带突出，黄褐色。外套窦深，前端与前闭壳肌痕相连，全部与外套线汇合。铰合部较窄，各具主齿 2 枚，左壳的前主齿和右壳的后主齿强壮并分叉。左壳无侧齿，右壳的前侧齿短，后侧齿退化。
地理分布及习性：分布于黄海、渤海、东海沿岸；日本、朝鲜、菲律宾、泰国沿岸也有分布。生活于潮间带。
照片来源：黄河三角洲地区邻近海域

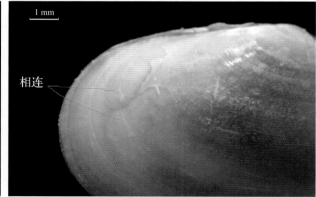

相连

江户明樱蛤 *Moerella jedoensis*

中文种名：江户明樱蛤
拉丁种名：*Moerella jedoensis*
分类地位：软体动物门 / 双壳纲 / 帘蛤目 / 樱蛤科 / 明樱蛤属
识别特征：贝壳小型，呈三角形、长椭圆形。前后端微开口。壳顶低，位于背部中央之后。外韧带突出，浅褐色。壳前端圆，后端稍尖。壳表生长纹细，具光泽，淡黄色。壳内白色。肌痕略明显，外套窦深，前端接近前闭壳肌痕，全部与外套线汇合。铰合部狭，各具"八"字形主齿2枚，右壳前侧齿明显，长片状，后侧齿短小；左壳侧齿不明显。
地理分布及习性：分布于黄海、渤海、东海及日本海域。生活于潮间带至潮下带水深30米以内的浅海底。
照片来源：黄河三角洲地区邻近海域

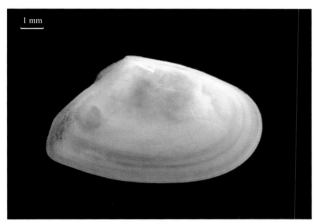
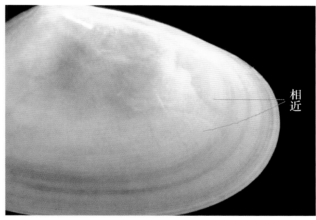

相近

异白樱蛤 *Macoma incongrua*

中文种名：异白樱蛤
拉丁种名：*Macoma incongrua*
分类地位：软体动物门 / 双壳纲 / 帘蛤目 / 樱蛤科 / 白樱蛤属
识别特征：壳呈三角形，侧扁，具灰、浅绿或浅棕色壳皮。生长线细弱，有年轮状深色同心纹。壳质坚厚，后端稍开口。壳顶突出，偏后。前闭壳肌痕大，椭圆形；后闭壳肌痕小，圆形。两外套窦不等，左壳大，可触及前肌痕，背缘没有隆起的峰，腹缘全部与外套线愈合；右壳短。铰合部发达，各有2枚大而分叉的主齿，无侧齿。
地理分布及习性：分布于我国北部海域；鄂霍次克海、日本沿岸、朝鲜沿岸、北冰洋、北美西岸也有分布。穴居于潮间带至潮线下水深10米左右的泥沙中或沙砾间。
照片来源：黄河三角洲地区邻近海域

日本镜蛤 *Dosinia japonica*

中文种名：日本镜蛤

拉丁种名：*Dosinia japonica*

分类地位：软体动物门 / 双壳纲 / 帘蛤目 / 帘蛤科 / 镜蛤属

识别特征：贝壳近圆形，稍扁，壳质较厚。两壳相等，前后不等。壳顶尖，位背缘前方。小月面深凹，心脏形，楯面披针状。外韧带。背缘凹，后端截形，腹缘圆。壳表面白色，同心生长轮脉明显，呈环形沟纹。铰合部各具主齿3枚，右壳前两个主齿呈"八"字形，末端分叉；左壳前主齿为片状；中央主齿粗壮，后主齿长；左壳前侧齿小，右壳2枚前侧齿。前闭壳肌痕小；后闭壳肌痕大。外套窦深。

地理分布及习性：分布于我国沿岸；朝鲜半岛、日本、俄罗斯海域也有分布。生活在潮间带至数十米水深的细砂和泥沙质的海底。

照片来源：黄河三角洲地区邻近海域

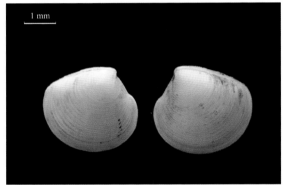

凸镜蛤 *Dosinia gibba*

中文种名：凸镜蛤

拉丁种名：*Dosinia gibba*

分类地位：软体动物门 / 双壳纲 / 帘蛤目 / 帘蛤科 / 镜蛤属

识别特征：壳膨胀，呈圆形，两壳相等。壳顶凸出，近中部。小月面大，心脏形，楯面窄长。壳面黄白色，壳表面的同心生长轮脉明显，略凸出壳面。铰合部宽，左右壳各具3枚主齿；左壳前2枚主齿呈"人"字形，1枚前侧齿；右壳后主齿强壮，顶端分叉，2枚前主齿弱，呈"八"字形，还有2枚较弱的前侧齿。前闭壳肌痕窄，后闭壳肌痕近大，外套窦深。

地理分布及习性：分布于我国沿岸及日本海域。栖息于潮下带至水深60米的泥沙底质内。

照片来源：黄河三角洲地区邻近海域

小月面

菲律宾蛤仔 *Ruditapes philippinarum*

中文种名：菲律宾蛤仔

拉丁种名：*Ruditapes philippinarum*

分类地位：软体动物门 / 双壳纲 / 帘蛤目 / 帘蛤科 / 蛤仔属

识别特征：壳呈卵圆形。壳顶稍突出，于背缘靠前方微前倾。小月面、楯面都呈梭状。放射肋与同心生长轮脉交织呈布纹状。壳面花纹及颜色变化大，有棕色、深褐色及赤褐色组成的斑点或花纹。从壳顶到腹面有 2 ～ 3 条浅色带。壳内面呈淡灰色或紫色。铰合齿窄，主齿 3 枚，左壳中主齿分叉。前肌痕半月形，后肌痕圆形。

地理分布及习性：广泛分布于我国沿岸；韩国、日本、俄罗斯远东海域也有分布。喜栖于有淡水流入、波浪平静的内湾。其垂直分布从潮间带至 10 余米水深的海底。

照片来源：黄河三角洲地区邻近海域

江户布目蛤 *Protothaca jedoensis*

中文种名：江户布目蛤

拉丁种名：*Protothaca jedoensis*

分类地位：软体动物门 / 双壳纲 / 帘蛤目 / 帘蛤科 / 布目蛤属

识别特征：壳近圆形、膨胀，壳坚厚，两壳大小相等。壳顶突出，靠于前方。小月面呈心脏形，极明显。楯面披针状。外韧带长，铁锈色，不突出壳面。生长纹与放射肋相交呈布纹状。壳面呈土黄色或黄棕色，常有褐色斑点或条纹。壳面白色，具齿状缺刻。铰合部各有主齿 3 枚，无侧齿。左壳前主齿强大，中主齿分叉；右壳前主齿小，中后主齿大、分叉。

地理分布及习性：分布于我国沿岸；日本、朝鲜半岛、俄罗斯海域也有分布。栖息于潮间带乱石块下面的泥沙内。

照片来源：黄河三角洲地区邻近海域

青蛤 *Cyclina sinensis*

中文种名：青蛤

拉丁种名：*Cyclina sinensis*

分类地位：软体动物门 / 双壳纲 / 帘蛤目 / 帘蛤科 / 青蛤属

识别特征：壳圆形膨胀，壳质厚较结实。壳高大于壳长。壳顶突出，位于背缘中央，前倾。小月面、楯面弱。外韧带。生长线顶部细密，向腹缘延伸逐渐变粗，与纤细的放射刻纹交叉。壳内缘具齿状缺刻。壳淡黄色、紫红色、清灰色，因地而异。具主齿 3 枚。前闭壳肌痕半月形，后闭壳肌痕椭圆形。外套窦强，呈三角形。

地理分布及习性：分布于我国沿岸；朝鲜、日本海域也有分布。多生活在潮间带中、下区的泥沙中。

照片来源：黄河三角洲地区邻近海域

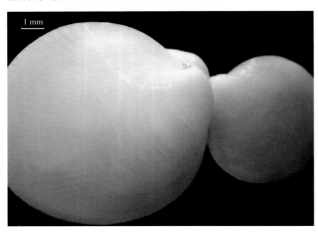 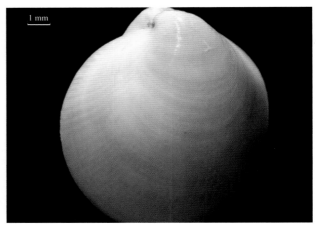

短文蛤 *Meretrix petechialis*

中文种名：短文蛤

拉丁种名：*Meretrix petechialis*

分类地位：软体动物门 / 双壳纲 / 帘蛤目 / 帘蛤科 / 文蛤属

识别特征：壳微呈三角形，壳质较厚。两壳大小相等。壳顶突出，位于背缘稍前，两壳顶紧接；前背缘直，后背缘凸。小月面狭长，楯面和后背缘近等。贝壳表面光滑，被有黄褐色光滑的壳皮，色彩、花纹变化大。同心生长纹较粗糙。壳内面白色。前肌痕细长，后肌痕短。壳各具 3 枚主齿，左壳具 1 枚长的前侧齿，右壳具 2 枚平行前侧齿。外套窦短。

地理分布及习性：分布于我国沿岸及朝鲜半岛海域。栖息于低潮区砂质海底。

照片来源：黄河三角洲地区邻近海域

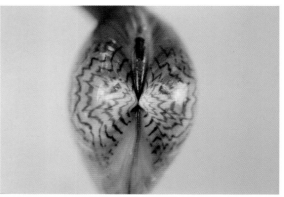

备注：新的分类系统证明，在我国北方沿海最常见并已开展大规模人工养殖的是短文蛤 *Meretrix petechialis*，而不是文蛤 *Meretrix meretrix*。

灰双齿蛤 *Felaniella usta*

中文种名：灰双齿蛤

拉丁种名：*Felaniella usta*

分类地位：软体动物门 / 双壳纲 / 帘蛤目 / 蹄蛤科 / 小猫眼蛤属

识别特征：壳质硬，两壳侧扁。贝壳近圆形，长与高近等。壳顶低平，位于背部中央之前。外韧带褐色，部分嵌入内部，大部分外露。前缘圆，后缘略呈截形。壳表面褐色或灰白色，具一浅缢痕。壳面同心生长轮弱、不规则。两壳各具 2 枚主齿，左前主齿和右后主齿大且顶部分叉。前肌痕长卵圆形，后肌痕近菱形。

地理分布及习性：分布于黄海、渤海；日本、俄罗斯西伯利亚海域也有分布。为冷水性种，在黄海、渤海栖息于 8 ～ 75 米的软泥沙质海底。

照片来源：黄河三角洲地区邻近海域

紫壳阿文蛤 *Alvenius ojianus*（*Alveinus ojianus*）

中文种名：紫壳阿文蛤

拉丁种名：*Alvenius ojianus*（*Alveinus ojianus*）

分类地位：软体动物门 / 双壳纲 / 帘蛤目 / 小凯利蛤科 / 阿文蛤属

识别特征：壳微小，两壳相等，极膨胀，略呈三角形。壳顶突出，位于中央。小月面大，心脏形。壳表面光滑，淡紫色，近壳顶紫色甚浓。铰合部弱，内韧带。左壳有 2 枚主齿，前主齿粗大，右壳有 1 枚主齿。右壳铰合部后背缘有一长的沟状裂缝。

地理分布及习性：分布于我国黄海、渤海；日本、俄罗斯远东海域也有分布。生活于砂质、水深 6 ～ 27 米环境中。

照片来源：黄河三角洲地区邻近海域

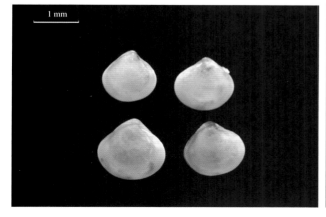 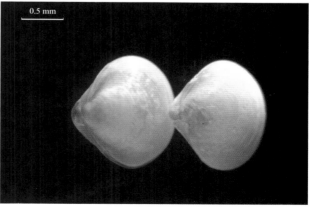

光滑篮蛤 *Potamocorbula laevis*

中文种名：光滑篮蛤

拉丁种名：*Potamocorbula laevis*

分类地位：软体动物门 / 双壳纲 / 海螂目 / 篮蛤科 / 河篮蛤属

识别特征：贝壳小，近等腰三角形。壳质薄，两壳不对称，左壳小、右壳大而膨胀。前缘圆，后缘呈截状。壳顶近中央，及接近。壳面具黄色壳皮，有细密的同心生长纹。壳内面白色；前肌痕长卵圆形，后肌痕近圆形。外套窦浅。右壳铰合部有 1 枚锥形主齿，左壳有一相应齿槽。

地理分布及习性：分布于我国南北沿岸。栖息于潮间带或稍深的沙和泥沙质海底，喜群集。

照片来源：黄河三角洲地区邻近海域

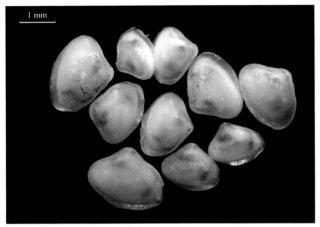
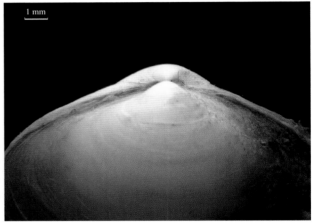

薄壳绿螂 *Glauconome primeana*

中文种名：薄壳绿螂

拉丁种名：*Glauconome primeana*

分类地位：软体动物门 / 双壳纲 / 帘蛤目 / 绿螂科 / 绿螂属

识别特征：贝壳呈长椭圆形，壳质较薄，两壳相等。壳顶低平，位于背缘中央之前。小月面、楯面不明显，外韧带。前缘圆、后缘近截形，腹缘圆，在前方略中凹。壳顶至腹缘有一细弱缢痕，同心生长纹粗糙。壳面被有黄褐色或绿褐色壳皮。壳内面白色。铰合部狭窄，两壳各有 3 枚主齿，左壳前有 2 枚主齿、右壳后 2 枚主齿顶端分叉。前肌痕略长，后肌痕桃形，外套窦深。

地理分布及习性：分布于黄海、渤海。生活在有淡水注入的潮间带沙或泥沙中。

照片来源：黄河三角洲地区邻近海域

砂海螂 *Mya arenaria*

中文种名：砂海螂

拉丁种名：*Mya arenaria*

分类地位：软体动物门 / 双壳纲 / 海螂目 / 海螂科 / 海螂属

识别特征：壳呈长卵圆形，壳坚厚，前、后端开口。壳顶低平，位于中央稍前，两壳顶紧接。无小月面和楯面。壳前缘圆，后缘尖。壳面具黄色或黄褐色壳皮，易脱落，生长纹较粗糙。无放射肋。壳内面白色。铰合部极窄，右壳具三角形韧带槽，左壳具强大的着带板。外套窦深。前肌痕细长，后肌痕圆形。

地理分布及习性：广布于北半球寒温带的太平洋和大西洋水域。栖息于潮间带至水深 10 米的浅水区。

照片来源：黄河三角洲地区邻近海域

备注：砂海螂分布广，形态变化大，分类较混乱，有十几个同物异名。

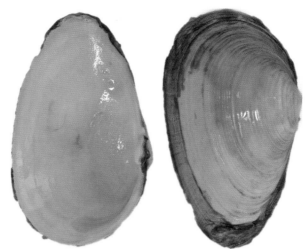

凸壳肌蛤 *Arcuatula senhousia*

中文种名：凸壳肌蛤

拉丁种名：*Arcuatula senhousia*

分类地位：软体动物门 / 双壳纲 / 贻贝目 / 贻贝科 / 弧蛤属

识别特征：贝壳小型，壳质薄，近三角形。壳顶突出，近前端。壳的前部小，后部宽大。壳表前、后区具放射纹，呈草绿色或褐绿色，光滑具光泽，有褐色波状花纹。贝壳内面颜色与壳表相同，肌痕不明显。铰合部窄，沿铰合部有一列细小的锯齿。两闭壳肌不等。足丝细软，较发达。

地理分布及习性：分布于我国南北沿岸；北半球太平洋东西两岸海域都有分布。栖息在潮间带中潮区至低潮线下 5 ~ 6 米的泥沙滩上。

照片来源：黄河三角洲地区邻近海域

备注：该种原属于肌蛤属 *Musculus*，目前新的分类系统归为弧蛤属 *Arcuatula*。

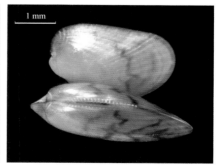

豆形胡桃蛤 *Ennucula faba*

中文种名：豆形胡桃蛤

拉丁种名：*Ennucula faba*

分类地位：软体动物门 / 双壳纲 / 胡桃蛤目 / 胡桃蛤科 / 真胡桃蛤属

识别特征：两壳膨胀，壳顶突出，位于后端 1/4 处。小月面呈披针状，楯面心脏形。壳皮黄白色，有颜色较深的年轮状同心纹。生长线细。前肌痕近三角形，后肌痕长圆形。铰合部前齿列有齿约 13 个，后齿列 6 个左右。外韧带弱，内韧带位于 1 个伸向前缘的着带板上。

地理分布及习性：为近岸浅水种。分布在水深 25 米以内的细颗粒软泥沉积区。

照片来源：黄河三角洲地区邻近海域

金星蝶铰蛤 *Trigonothracia jinxingae*

中文种名：金星蝶铰蛤

拉丁种名：*Trigonothracia jinxingae*

分类地位：软体动物门 / 双壳纲 / 笋螂目 / 色雷西蛤科 / 蝶铰蛤属

识别特征：壳中型，白色，长圆形。壳顶位于后端 1/4 处，从壳顶到后腹缘有一条隆起的放射脊。壳前端圆，后端短，末端截形并开口。两壳较侧扁，不等，右壳大于左壳。壳表被以淡褐色壳皮，壳顶处常脱落。壳表同心生长线粗糙，并有细小的粒状突起。内韧带有一蝶形韧带片。前肌痕延长，后肌痕肾脏形。外套窦深。

地理分布及习性：仅见于我国厦门以北的各大河口附近的浅水区。生活于垂直深度为 5 ～ 33 米的软泥底。

照片来源：黄河三角洲地区邻近海域

布氏朱砂螺 *Barleeia bureri*

中文种名： 布氏朱砂螺

拉丁种名： *Barleeia bureri*

分类地位： 软体动物门 / 腹足纲 / 中腹足目 / 朱砂螺科 / 朱砂螺属

识别特征： 贝壳小型，呈长卵圆形，壳质薄。约5螺层。螺层较膨圆。体螺层大，螺旋部尖锥状。壳表面光滑无肋，淡紫褐色。壳口简单，卵圆形；外唇薄，内唇下部稍厚。厣角质，少旋，内表面具一凹沟，厣内面有一棒状突起。

地理分布及习性： 分布于黄海、渤海。生活在潮间带海藻间或石块下面。

照片来源： 黄河三角洲地区邻近海域

备注：新的分类系统把该种归属于朱砂螺科、朱砂螺属 *Barleeia*。

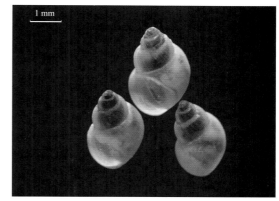

古氏滩栖螺 *Batillaria cumingi*

中文种名： 古氏滩栖螺

拉丁种名： *Batillaria cumingi*

分类地位： 软体动物门 / 腹足纲 / 中腹足目 / 滩栖螺科 / 滩栖螺属

识别特征： 贝壳长锥形，壳坚厚。螺层约12层。壳顶尖细，常被磨损。体螺层短小。壳面有螺肋，纵肋较宽粗，在壳上部发达。有的个体在缝合线下面有一条白色螺带，有的具小斑点。壳面有灰白色横宽纹6～7条。壳口卵圆形，外唇薄，内唇扭曲，壳内面有深褐色带。厣角质，褐色。

地理分布及习性： 分布于我国沿岸；朝鲜、日本沿岸也有分布。栖息于潮间带高、中潮区，有淡水注入的附近泥和泥沙滩上，常喜群集。

照片来源： 黄河三角洲地区邻近海域

扁玉螺 *Neverita didyma*

中文种名：扁玉螺

拉丁种名：*Neverita didyma*

分类地位：软体动物门 / 腹足纲 / 中腹足目 / 玉螺科 / 扁玉螺属

识别特征：贝壳呈半球形，壳质厚，背腹扁平。5 螺层，螺旋部低平。体螺层宽大。壳面光滑，生长纹明显。壳面淡黄褐色，壳顶为紫褐色，在缝合线下方有一条彩虹色螺带。壳口卵圆形、大，外唇薄，内唇厚，中部形成与脐相连接的深褐色胼胝，中央具一明显的沟痕，脐孔大而深。厣角质，黄褐色。

地理分布及习性：分布于我国沿岸；日本、朝鲜半岛、菲律宾、澳大利亚以及印度洋的阿曼湾等海域也有分布。生活于潮间带至水深 50 米的沙和泥沙质的海底，通常在低潮区至水深 10 米左右处生活。

照片来源：黄河三角洲地区邻近海域

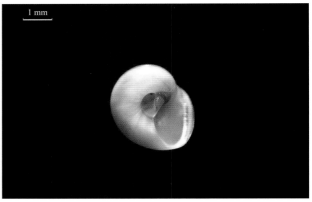

光滑狭口螺 *Stenothyra glabra*（*Stenothyra glabrata*）

中文种名：光滑狭口螺

拉丁种名：*Stenothyra glabra* (*Stenothyra glabrata*)

分类地位：软体动物门 / 腹足纲 / 中腹足目 / 狭口螺科 / 狭口螺属

识别特征：贝壳小，桶状，中部膨胀。壳质薄，结实。5 螺层，缝合线明显。螺旋部高，宽度增长缓慢，体螺层增高迅速。壳顶钝，体螺层腹面稍扁。壳口小，圆形，简单。无脐。厣石灰质，周缘有肋镶边，少旋，核近中部内侧。

地理分布及习性：分布于我国沿岸；日本、西伯利亚海域也有分布。生活在潮间带高、中潮区，有淡水流入的河口附近以及内地淡水的沙滩上或附着在植物的叶上。

照片来源：黄河三角洲地区邻近海域

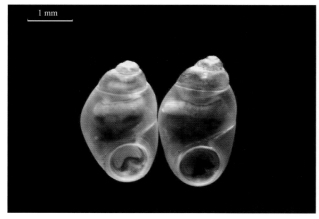
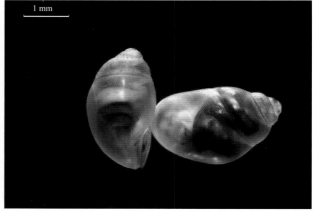

托氏蜎螺 *Umbonium thomasi*

中文种名：托氏蜎螺

拉丁种名：*Umbonium thomasi*

分类地位：软体动物门 / 腹足纲 / 原始腹足目 / 马蹄螺科 / 蜎螺属

识别特征：贝壳低、宽，呈扁圆形。壳质厚，结实。壳面具光泽。螺层有 6 ~ 7 层，自上而下各层逐渐增加，壳色通常棕色和紫色相间，壳面为波纹状花纹或暗红色花纹。壳口近四方形，有珍珠光泽。底面平坦，光滑，脐部白色；外有一圈黑带。厣角质，圆形，稍薄，核位于中央。

地理分布及习性：我国北部沿岸种；日本群岛、朝鲜半岛沿岸皆有分布。栖息于河口区沙滩、泥沙滩。

照片来源：黄河三角洲地区邻近海域

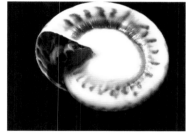 

马丽亚瓷光螺 *Eulima maria*

中文种名：马丽亚瓷光螺

拉丁种名：*Eulima maria*

分类地位：软体动物门 / 腹足纲 / 异腹足目 / 光螺科 / 瓷光螺属

识别特征：贝壳小、尖锥状，壳质薄，结实。螺层约 10 层，缝合线浅，各螺层高、宽增长均匀。壳表面生长纹细密，有时出现纵沟痕。螺旋部高，体螺层微显膨胀。壳面光滑，白色，具光泽。壳口梨形，简单，外唇薄，内唇较厚，前端稍向外扩张。

地理分布及习性：分布于我国沿岸及日本海域。生活在细砂及泥沙质的浅海，从潮间带至水深 20 米的海底。

照片来源：黄河三角洲地区邻近海域

 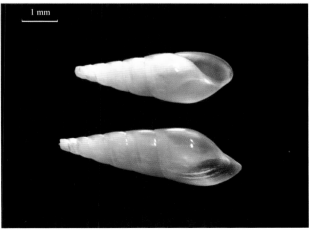

双带瓷光螺 *Eulima bifascialis*

中文种名：双带瓷光螺

拉丁种名：*Eulima bifascialis*

分类地位：软体动物门 / 腹足纲 / 异腹足目 / 光螺科 / 瓷光螺属

识别特征：贝壳小型，细锥状。壳质薄、半透明。螺层约 12 层，缝合线浅，各螺层增长均匀。壳表面光滑无肋，具光泽。在每层缝合线附近有 2 条环形褐色色带，其间界不明显。壳口窄，梨形，内面可见 2 条色带的阴影。外唇薄，简单；内唇略直，上薄下厚，并向外翻卷。无脐孔。

地理分布及习性：广布种。分布于我国沿岸及日本海域。生活在细砂质的浅海，从潮间带低潮区至水深 40 米处。

照片来源：黄河三角洲地区邻近海域

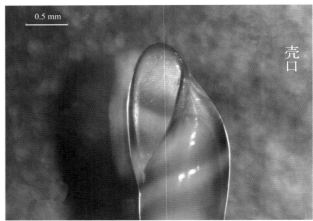

红带织纹螺 *Nassarius succinctus*

中文种名：红带织纹螺

拉丁种名：*Nassarius succinctus*

分类地位：软体动物门 / 腹足纲 / 新腹足目 / 织纹螺科 / 织纹螺属

识别特征：贝壳纺锤形，壳质结实。螺层约 9 层。螺旋部较高，体螺层中部膨胀，基部收缩。胚壳光滑，下一螺层具棱角，近壳顶几层具纵肋和螺肋，其他螺层光滑，在体螺层基部有几条粗壮的螺旋沟纹。壳面黄白色，体螺层上有 3 条红褐色螺带，其他螺层为 2 条。壳口卵圆形，壳内面 3 条螺带清晰可见。外唇薄，边缘具锯齿状缺刻，内缘具肋齿；内唇弧形，薄，近后端具齿状突起。厣角质。

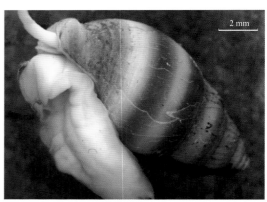

地理分布及习性：我国黄海、渤海、东海较为习见，南海少有分布；日本、菲律宾海域也有分布。栖息在潮间带低潮区至水深 50 米的泥沙及泥质海底，在水深 10 ～ 30 米的海底较多见。

照片来源：黄河三角洲地区邻近海域

秀丽织纹螺 *Nassarius festivus*

中文种名：秀丽织纹螺

拉丁种名：*Nassarius festivus*

分类地位：软体动物门/腹足纲/新腹足目/织纹螺科/织纹螺属

识别特征：壳呈长卵圆形，壳质坚实。螺层约9层，螺旋部呈圆锥状，体螺层稍大。壳顶光滑，其余壳面具有发达的纵肋和细的螺肋，纵肋和螺肋交叉形成粒状突起。纵肋在体螺层上有9～12条；螺肋在体螺层上有7～8条，次体层有3～4条。壳面黄褐色，具褐色螺带，体螺层上有2～3条。壳口卵圆形，内有褐色螺带。外唇薄，内缘具粒状齿；内唇上薄下厚，具3～4个粒状的齿。厣角质。

地理分布及习性：分布于我国沿岸；日本、菲律宾近海也有分布。生活在潮间带中、低潮区泥和泥沙质的海滩上。

照片来源：黄河三角洲地区邻近海域

纵肋织纹螺 *Nassarius variciferus*

中文种名：纵肋织纹螺

拉丁种名：*Nassarius variciferus*

分类地位：软体动物门/腹足纲/新腹足目/织纹螺科/织纹螺属

识别特征：壳小型，呈长卵圆形，螺层约9层。缝合线深，体螺层大。壳顶1～3层光滑。壳口卵圆形，壳面淡黄色或黄白色，具褐色螺带，螺旋部2条，体螺层3条。螺面具有显著的纵肋和细密的螺纹，相互交织呈布纹状。在每一螺层上通常生有1～2条粗大的纵肿脉。外唇边缘厚，具镶边，内缘具齿状突起；内唇薄。前沟短，后沟缺刻状。

地理分布及习性：我国沿岸习见种；日本和朝鲜半岛海域也有分布。生活在浅海沙和泥沙质的海底，从潮间带至水深40米的水域。

照片来源：黄河三角洲地区邻近海域

多变异管塔螺 *Paradrillia inconstans*

中文种名： 多变异管塔螺

拉丁种名： *Paradrillia inconstans*

分类地位： 软体动物门 / 腹足纲 / 新腹足目 / 塔螺科 / 异管塔螺属

识别特征： 贝壳小，结实。螺层约9层，胚壳2.5～3层光滑。螺旋部高，尖锥形。壳面黄白色或淡黄褐色，有时具黑褐色斑点。每螺层的中部都有1列纵行结节突起，缝合线处具一光滑螺肋。壳面的螺肋和纵肋交织呈布目状，交叉点具小颗粒、突出。壳口窄，新月形。内唇光滑，外唇边缘薄，缺刻宽，前沟宽短。厣角质，褐色。

地理分布及习性： 分布于我国黄海、渤海、东海、南海。广温性种类，通常栖息在水深数十米的浅海泥沙质海底。

照片来源： 黄河三角洲地区邻近海域

泰氏笋螺 *Terebra taylori*

中文种名： 泰氏笋螺

拉丁种名： *Terebra taylori*

分类地位： 软体动物门 / 腹足纲 / 新腹足目 / 笋螺科 / 笋螺属

识别特征： 贝壳结实，尖锥状。螺层约14层，胚壳2.5层光滑无肋，其余螺层具有明显的纵肋。每螺层中部凹陷（凹陷处无纵肋），把纵肋分成上下两部分。体螺层基部螺肋明显。壳面灰褐色或黄褐色，缝合线处有一白色螺带。壳口褐色，外唇薄，前沟短。厣角质。

地理分布及习性： 习见于我国黄海、渤海。日本、朝鲜半岛海域也有分布。生活在潮间带至浅海砂质或泥沙质海底。

照片来源： 黄河三角洲地区邻近海域

备注： 本种以前归属于笋螺属 *Terebra* sp.，新的分类系统定为此名。

白带三角螺 *Trigonostoma scalariformis*

中文种名：白带三角螺

拉丁种名：*Trigonostoma scalariformis*

分类地位：软体动物门 / 腹足纲 / 新腹足目 / 衲螺科 / 三角口螺属

识别特征：贝壳呈近纺锤形。螺层约 7 层，缝合线明显。每一螺层的上部具台阶状的肩部，下部直，有粗而稀疏的纵肋，螺肋细弱。体螺层大。壳表黄褐色，肩部和底部灰白色，具红褐色螺纹。体螺层中部具一条明显的白色螺带。壳口近三角形。外唇内缘具 8 ～ 10 枚小齿。内唇中部有 3 个发达的褶襞。

地理分布及习性：分布于我国南北沿岸；朝鲜、日本、越南海域也有分布。多生活在潮下带水深 8 ～ 60 米的软泥及泥沙质海底，在潮间带低潮区也有发现。

照片来源：黄河三角洲地区邻近海域

丽小笔螺 *Mitrella bella*

中文种名：丽小笔螺

拉丁种名：*Mitrella bella*

分类地位：软体动物门 / 足纲 / 腹足目 / 核螺科 / 小笔螺属

识别特征：贝壳小型，呈纺锤形。螺层约 9 层。螺旋部呈尖塔形。体螺层较高,基部收缩。壳面光滑，黄白色，具褐色或紫褐色纵向火焰状花纹。体螺层基部有一白色螺带。壳口小，内黄白色；外唇厚，内缘有小齿。厣角质。

地理分布及习性：黄海、渤海沿岸习见种。分布于我国沿岸及日本海域。生活在潮间带和稍深的浅海，喜群集。

照片来源：黄河三角洲地区邻近海域

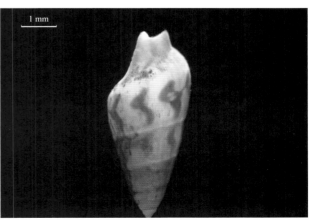

泥螺 *Bullacta exarata*

中文种名： 泥螺

拉丁种名： *Bullacta exarata*

分类地位： 软体动物门 / 腹足纲 / 头楯目 / 长葡萄螺科 / 泥螺属

识别特征： 贝壳中小型，近卵圆形。白色，壳质薄脆。螺旋部内旋，2 螺层。体螺层膨胀，壳面白色或淡黄色，壳表面有细而密的螺旋沟。生长线明显，部分聚集呈纵肋状。壳口广阔，全开口，上部狭，底部扩张。外唇薄，突出壳顶部。内唇石灰质层狭而薄，轴唇弯曲。

地理分布及习性： 分布于我国沿岸；日本、朝鲜海域也有分布。生活在潮间带泥沙底。

照片来源： 黄河三角洲地区邻近海域

备注：本种以前归属阿地螺科 Atyidae，新的分类系统把此种归属长葡萄螺科 Haminoeidae。

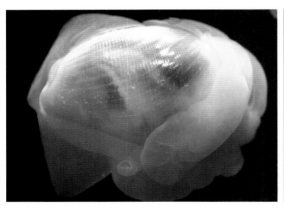 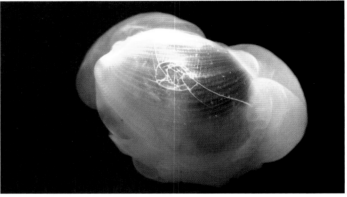

经氏壳蛞蝓 *Philine kinglipini*

中文种名： 经氏壳蛞蝓

拉丁种名： *Philine kinglipini*

分类地位： 软体动物门 / 腹足纲 / 头楯目 / 壳蛞蝓科 / 壳蛞蝓属

识别特征： 贝壳中小型，呈长卵圆形。壳质薄而脆，白色，半透明。2 螺层。体螺层大，为贝壳的全长。背面凸，腹面平，壳表被有白色壳皮，壳面有细微的螺旋沟。生长线明显。壳口广大，全长开口，上部稍狭，底部扩张。外唇薄，上部凸出壳顶，底部圆形；内唇石灰质层薄而宽。

地理分布及习性： 分布于我国渤海、黄海、东海。生活在潮间带高潮区下层的泥沙滩上到潮下带数十米深的泥沙底质。

照片来源： 黄河三角洲地区邻近海域

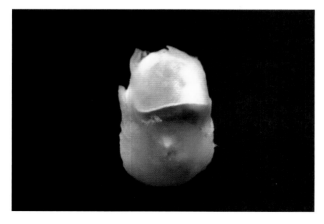 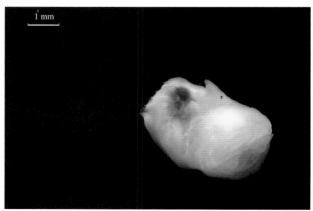

耳口露齿螺 *Ringicula doliaris*

中文种名：耳口露齿螺

拉丁种名：*Ringicula doliaris*

分类地位：软体动物门 / 腹足纲 / 头楯目 / 露齿螺科 / 露齿螺属

识别特征：贝壳小，白色，呈卵圆形。壳质厚，坚固。螺旋部小，螺层圆锥形。约 5 螺层，体螺层大、卵形，约占壳长的 2/3。壳表具螺旋肋，体螺层有 12 ～ 14 条，次体螺层有 5 ～ 6 条。壳口较狭，约占壳长的 1/2，上狭底宽，耳形。外唇厚，外侧向背面扭转形成肋状反褶缘，内侧中部有一瘤状突。内唇厚而宽，覆盖少部体螺层。轴唇厚，具 2 个强大褶齿。无厣。

地理分布及习性：分布于我国沿岸；马达加斯加、日本、朝鲜海域也有分布。生活在潮间带至潮下带 14 ～ 88 米深的泥沙质底。

照片来源：黄河三角洲地区邻近海域

纵肋饰孔螺 *Decorifera matusimana*（*Decorifer matusimanus*）

中文种名：纵肋饰孔螺

拉丁种名：*Decorifera matusimana*（*Decorifer matusimanus*）

分类地位：软体动物门 / 腹足纲 / 头楯目 / 盒螺科 / 饰孔螺属

识别特征：贝壳小，呈短圆筒形。白色，半透明，壳质薄。螺旋部低，短圆锥形，胚壳小，呈乳头状。5 螺层，体螺层极大，占体长大部。生长线明显，壳面具细弱的纵肋纹。壳口小，上部狭，下部扩张。外唇薄，上部在稍低于体螺层的肩部起，中部稍凸，底部圆形；内唇厚而宽。轴唇短而厚，没有褶襞。

地理分布及习性：分布于我国渤海、黄海、东海及日本海域。生活在潮间带到潮下带浅水区细砂质底。

照片来源：黄河三角洲地区邻近海域

圆筒原盒螺 *Cylichna cylindrella*

中文种名：圆筒原盒螺

拉丁种名：*Cylichna cylindrella*

分类地位：软体动物门 / 腹足纲 / 头楯目 / 盒螺科 / 盒螺属

识别特征：贝壳中小型，呈长圆筒形。质厚坚固。螺旋部内卷入体螺层内。壳顶部稍狭，深开口，呈斜截状。体螺层膨胀，为贝壳全长。壳面黄白色，两端常呈铁锈色，被黄褐色壳皮。整个壳表有波纹状的细密螺旋沟，近两端的螺旋沟深而宽，与生长线交织呈格子状。壳口狭长，全长开口，上部稍狭，底部稍扩张。外唇薄，上部稍凸出壳顶，中部微凹，底部略呈截断状；内唇上部深凹；轴唇稍直、厚，有一个弱的褶襞。

地理分布及习性：分布于我国沿岸及日本海域。生活在潮下带水深数十米到数百米的细砂质底。

照片来源：黄河三角洲地区邻近海域

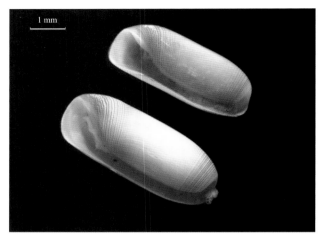

黑纹斑捻螺 *Punctacteon yamamurae*

中文种名：黑纹斑捻螺

拉丁种名：*Punctacteon yamamurae*

分类地位：软体动物门 / 腹足纲 / 头楯目 / 捻螺科 / 斑捻螺属

识别特征：贝壳小，呈卵圆形，壳薄。螺旋部稍高，呈圆锥形，缝合线明显。5螺层，壳顶光滑，白色。体螺层高大，约为壳长的3/4。各螺层稍膨胀。壳表淡黄色，有细弱的螺旋沟，具10余条黑褐色纵条纹。生长线明显。壳口大，约占壳长的1/2，内面白色，上狭底圆。外唇薄、弯曲；内唇狭而薄。轴唇具一褶齿，中部有一凹沟。

地理分布及习性：分布于我国沿岸；日本、菲律宾海域也有分布。生活在潮间带至潮下带泥沙底。

照片来源：黄河三角洲地区邻近海域

微角齿口螺 *Odostomia subangulata*

中文种名： 微角齿口螺

拉丁种名： *Odostomia subangulata*

分类地位： 软体动物门 / 腹足纲 / 肠扭目 / 小塔螺科 / 齿口螺属

识别特征： 贝壳小，呈长卵形。壳质薄，半透明。螺旋部呈高圆锥形，螺层 7 层，各螺层膨胀，胚壳乳头状，左旋。缝合线清楚。壳表平滑、具光泽。体螺层大，约占壳长的 1/2，上、下螺层之间呈弱角状。壳口大，卵形。外唇薄、弯曲；内唇有一强褶襞。轴唇厚。无脐孔。

地理分布及习性： 分布于我国黄海、渤海、东海及日本海域。生活于潮间带至潮下带水深数十米的细砂质底。

照片来源： 黄河三角洲地区邻近海域

高捻塔螺 *Monotygma eximia*

中文种名： 高捻塔螺

拉丁种名： *Monotygma eximia*

分类地位： 软体动物门 / 腹足纲 / 肠扭目 / 小塔螺科 / 捻塔螺属

识别特征： 贝壳中小型，稍厚，黄白色。螺旋部高，螺层 10 层，各螺层稍膨胀，周缘圆形，缝合线沟状。胚壳乳头状，稍偏左边。壳表具粗细均匀的螺旋肋，在体螺层约 20 条，其余各层 7 ~ 8 条。体螺层大，约占壳长的 2/5。壳口卵形。外唇薄，有肋纹缺刻；内唇稍外翻。轴唇薄，有一弱褶。厣卵形，黄色，少旋型。

地理分布及习性： 分布于我国沿岸及日本海域。生活在潮间带、潮下带数十米深的浅水区细砂质底。

照片来源： 黄河三角洲地区邻近海域

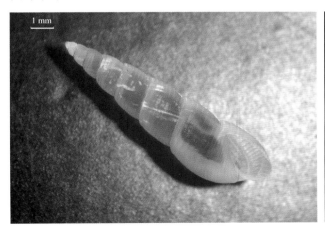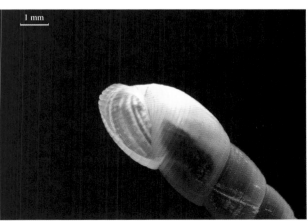

笋金螺 *Chrysallida terebra*

中文种名：笋金螺

拉丁种名：*Chrysallida terebra*

分类地位：软体动物门 / 腹足纲 / 肠扭目 / 小塔螺科 / 蝶蛹螺属

识别特征：贝壳小型，壳质薄，白色。螺旋部高，塔形。胚壳圆形，平滑，左旋。螺层12层，各螺层膨胀，缝合线明显，沟状。壳表有纵肋，肋间有细螺旋条纹。纵肋间距相同。体螺层不膨大，基部纵肋不明显，有强的螺旋条纹。壳口小，呈卵圆形。外唇薄，简单。底唇圆形。轴唇有一褶襞。

地理分布及习性：分布于我国黄海、渤海、东海及日本海域。生活于潮间带至潮下带泥沙底浅水区。

照片来源：黄河三角洲地区邻近海域

备注：本种原属金螺属 *Mormula*，新的分类系统把此种归属于蝶蛹螺属 *Chrysallida*。

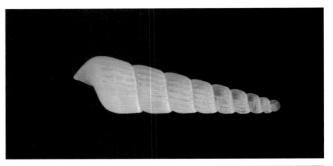

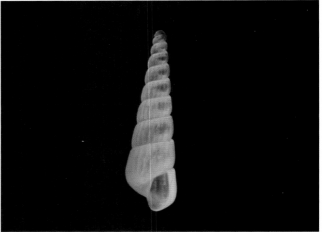

腰带螺 *Cingulina cingulata*

中文种名：腰带螺

拉丁种名：*Cingulina cingulata*

分类地位：软体动物门 / 腹足纲 / 肠扭目 / 小塔螺科 / 腰带螺属

识别特征：贝壳小，细长塔形。质薄，半透明，白色，稍坚固。螺层11层，胚壳呈乳头状，左旋。体螺层小，自体螺层到壳顶削细，各螺层有3条螺旋肋。肋间有格子状凹沟，在缝合线处有1条细螺肋，壳底部有多数螺旋肋。壳口呈卵圆形。外唇薄，有肋状缺刻。底唇圆形。轴唇有一弱褶襞。

地理分布及习性：分布于我国黄海、渤海、东海及日本海域。生活在潮间带至潮下带浅水区细砂质底。

照片来源：黄河三角洲地区邻近海域

日本管角贝 *Siphonodentalium japonicum*

中文种名：日本管角贝

拉丁种名：*Siphonodentalium japonicum*

分类地位：软体动物门 / 掘足纲 / 梭角贝目 / 梭角贝科 / 管角贝属

识别特征：贝壳小，壳质薄，半透明，稍弓曲。自壳顶部向下延伸逐渐加宽。壳面白色，平滑，具细的环形生长纹。壳顶具明显的缺刻，两侧各有 1 个，背面的缺刻宽大，腹侧的缺刻呈 "V" 形。前端壳口近圆形，稍斜，薄，常破损。

地理分布及习性：分布于我国黄海、渤海及日本海域。生活在潮下带水深 20 ～ 38 米或泥沙质的浅水区。

照片来源：黄河三角洲地区邻近海域

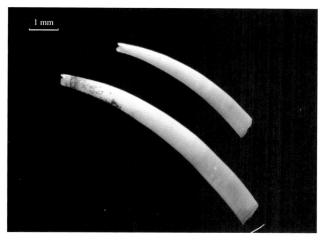
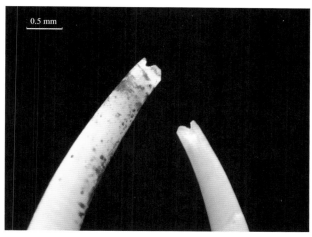

细长涟虫 *Iphinoe tenera*

中文种名：细长涟虫

拉丁种名：*Iphinoe tenera*

分类地位：节肢动物门 / 软甲纲 / 涟虫目 / 涟虫科 / 长涟虫属

识别特征：雌性身体细长。头胸甲与胸部自由体节等长，长度为高度的 2.5 倍。第 1 胸节完全外露，不为头胸甲所覆盖。假额角突出、尖，触角缺刻明显，额角下角显著，锯齿状。头胸甲背面全长皆具锯齿。第 3 颚足突出叶长达长节末端。第 1 胸足纤细，基节内缘全长具锯齿，末端具 2 小刺。尾肢的内、外肢近等；柄部显著长于其内外分肢。雄性(性成熟)头胸甲光滑无锯齿(未成熟雄性个体头胸甲锯齿数少于雌性)。触角缺刻不明显，假额角较短，额角下角为圆形，无锯齿。第 2 触角达体末端。尾肢柄部内缘的小刺（20 个）和刚毛数目较多。

地理分布及习性：分布于我国的黄海、渤海和东海。栖息于水深 4 ～ 37 米处。

照片来源：黄河三角洲地区邻近海域

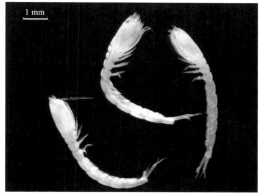

宽甲古涟虫 *Eocuma lata*

中文种名：宽甲古涟虫

拉丁种名：*Eocuma lata*

分类地位：节肢动物门 / 软甲纲 / 涟虫目 / 涟虫科 / 古涟虫属

识别特征：雌性甲壳钙化程度高，头胸甲光滑、宽大且背腹扁平。具 1 条中央纵脊和 2 条背侧脊。侧角尖短，突出前方，两侧角连线处为头胸甲最宽处。头胸甲长大于宽。假额角侧面观突出，背面观圆钝。胸部 4 节，第 1 节宽大。第 3 颚足相当宽大，其基节外缘端部呈镰刀状。第 1 胸足基节端部形成一大的三角形突出叶。第 2 胸足退化短小。尾肢柄部短，仅为第 6 腹节的 1/2。内肢稍等于柄部的 2 倍。内外肢内侧均具羽状刚毛，内肢更浓密、发达。内肢内侧具 3 小刺，在羽状刚毛之间。雄性与雌性形态相近，第 2 触角发达，可达身体末端。

地理分布及习性：分布于我国黄海、渤海、东海；日本、越南、缅甸、印度等国海域也有分布。生活于水深 4 ~ 26 米处。

照片来源：黄河三角洲地区邻近海域

背面观

二齿半尖额涟虫 *Hemileucon bidentatus*

中文种名：二齿半尖额涟虫

拉丁种名：*Hemileucon bidentatus*

分类地位：节肢动物门 / 软甲纲 / 涟虫目 / 尖额涟虫科 / 半尖额涟虫属

识别特征：雌性头胸甲为体长的 1/5，稍长于宽，背面观后缘最宽。背缘近中部具 2 小刺，第 1 个稍大。头胸甲下缘前半部锯齿状，最前方具 2 枚小齿，下缘 8 枚小齿。背部有 1 条中央脊，在头胸甲后部和胸前部明显。假额角尖锐突出。触角具缺刻、额下角明显。胸部分 5 节，长度为头胸甲的 1.5 倍，第 2 节最宽大，约为第 1 节的 2 倍。

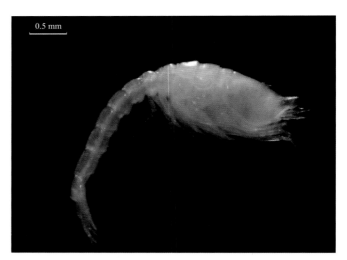

第 1 触角 3 节，等长，第 1 节长宽相等。第 2 触角 3 节，第 2 节长宽相等。第 1、第 2、第 3 胸足均具外肢，第 4、第 5 胸足单枝型。尾肢柄长于腹末节，内缘具 7 根刚毛。内肢稍短于外肢，2 节，第 1 节长为第 2 节的 2 倍。外肢长于柄长。腹末节端部具 4 根刚毛。雄性身体较雌性细长。头胸甲约为体长的 1/4，约为高的 2 倍。头胸甲背面观前、后部等宽，背面无小齿，下缘光滑无锯齿。胸部约与头胸甲等长。

地理分布及习性：分布于我国渤海、黄海。栖息于潮间带泥沙底质，水深 6 ~ 15 米处。

照片来源：黄河三角洲地区邻近海域

三叶针尾涟虫 *Diastylis tricincta*

中文种名：三叶针尾涟虫

拉丁种名：*Diastylis tricincta*

分类地位：节肢动物门 / 软甲纲 / 涟虫目 / 针尾涟虫科 / 针
尾涟虫属

识别特征：雌性头胸甲近体长的 1/3。假额角尖锐突出，触
角缺刻不明显。头胸甲上面有 3 个皱褶环绕，
最前 1 个围绕着前叶。胸部分 5 节，稍长于头
胸甲。第 3 颚足基节十分宽大，尤其端部。第 1、
第 2 胸足具外肢，第 3、第 4、第 5 胸足单枝型。
尾肢柄部约为第 6 腹节长的 3 倍，稍短于尾节
的 2 倍。柄内侧具十几个小刺。柄长近等于外
肢的 1.5 倍。尾节肛前部长约为肛后部的 2 倍，
具 2 根端刺，5 对侧刺。内肢 3 节，稍短于外肢，
第 1、第 3 节基本等长，第 2 节较短。雄性第 1
触角较雌性粗壮，第 2 触角可达身体末端。尾
节与雌性差异较大。肛前部与肛后部界限较雌
性明显，前者为后者长度的 1.5 倍，肛后部比
雌性细长。

地理分布及习性：分布于我国黄海、渤海及日本海域。栖
息于水深 6 ～ 37 米处。

照片来源：黄河三角洲地区邻近海域

背面观

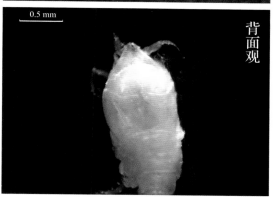

0.5 mm

背面观

梭形驼背涟虫 *Campylaspis fusiformis*

中文种名：梭形驼背涟虫

拉丁种名：*Campylaspis fusiformis*

分类地位：节肢动物门 / 软甲纲 / 涟虫目 / 小涟虫科 / 驼背
涟虫属

识别特征：雌性头胸甲近梭形，长约为体长的 1/2，后部隆
起。侧面具一斜行的浅沟，位于头胸甲 2/3 区域，
与头胸甲上、下缘的距离大致相等。假额角尖锐，
触角缺刻小。眼叶发达。胸部分 5 节。第 2 颚足
掌节与腕节呈 90°。基节膨大，指节很不发达，
只可见 4 个小刺。第 3 颚足长节与腕节内侧缘皆
为锯齿状。第 1、第 2 胸足具外肢。第 3 至第 5
胸足为单枝型。尾肢柄部稍长于第 6 腹节的 2 倍。
内肢 1 节，外肢稍长于内肢。雄性较雌性细长，
眼叶较雌性发达，无腹肢。第 1 触角柄部末节端
部外缘有 1 束较雌性发达的刚毛。第 3 颚足和
第 1、第 2 胸足的基节均比雌性强壮。只有第
5 胸足为单枝型。尾肢柄部内缘具 6 根长刚毛，
较雌性发达。内肢稍长于外肢，内缘具 7 根小刺。

地理分布及习性：分布于我国渤海、黄海、东海及日本海域。
生活在水深 7 ～ 27 米处。

照片来源：黄河三角洲地区邻近海域

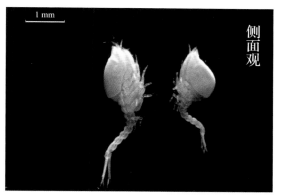

1 mm

侧面观

0.5 mm

侧面观

长指马尔他钩虾 *Melita longidactyla*

中文种名：长指马尔他钩虾

拉丁种名：*Melita longidactyla*

分类地位：节肢动物门 / 软甲纲 / 端足目 / 马尔他钩虾科 / 马尔他钩虾属

识别特征：躯体较细弱，侧扁。头部狭长，眼不清晰。第1至第4腹节光滑无背齿，第3腹节后侧角尖突；第5腹节具1对背侧刺。底节板较深。尾节裂刻达基部，具4根刚毛。第1触角较体躯短，柄部长度等于或略大于宽度，第1、第2柄节等长，第3柄节短，鞭8节。第2触角稍短，柄长于鞭，第4、第5柄节几乎等长，鞭4节。腮足亚螯状，第1腮足较小，第2腮足较强壮，长节后末端突出为齿，雄体腕节三角形，掌节较宽阔卵圆，掌缘斜，具1排小刺。第1、第2步足简单，细长，指节较长。第3至第5步足外形很相似，基节卵圆，前缘具小刺，后缘锯齿状，指节较长。第1尾肢长于第2尾肢。第3尾肢长约为柄长的3倍，1节；内肢鳞片状，短小。

地理分布及习性：分布于我国渤海、黄海、东海（我国近岸）及日本海域。栖息于温带浅水、软泥和沙泥底质。

照片来源：黄河三角洲地区邻近海域

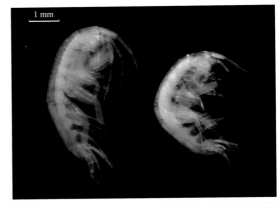

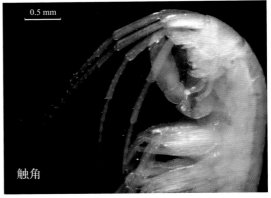

触角

瘤马尔他钩虾 *Melita tuberculata*

中文种名：瘤马尔他钩虾

拉丁种名：*Melita tuberculata*

分类地位：节肢动物门 / 软甲纲 / 端足目 / 马尔他钩虾科 / 马尔他钩虾属

识别特征：躯体细长，侧扁，黄褐色。头部额角不明显，眼卵圆形，淡褐色。第1、第2步足简单，细长，第3至第5步足强壮，基节宽阔四方形。第1至第3腹节具1背齿，第3腹节后下角尖突；第4腹节有1弱的小背齿；第5腹节背部两侧各具2枚小刺，中间凹；第6腹节中间凹。尾节裂刻几乎达基部，两侧和顶端都具小刺。触角细长，第1触角长达第3腹节末端，鞭25节，副鞭4节。第2触角略短，鞭10节。雄性第1腮足底节板下端扩展。第2腮足显著大于第1腮足。雌性第2腮足大于第1腮足。第1、第2步足细长。第1尾肢长于第2尾肢。第3尾肢外肢大于柄长的2倍，顶端平截，具小刺。内肢短小，鳞片状。

地理分布及习性：分布于我国沿岸及日本海域。栖息于软泥底质，水深4～8米处。

照片来源：黄河三角洲地区邻近海域

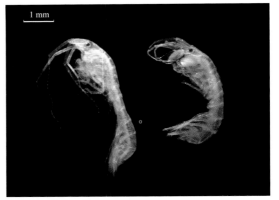

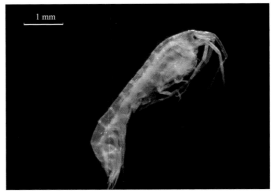

塞切尔泥钩虾 *Eriopisella sechellensis*

中文种名：塞切尔泥钩虾

拉丁种名：*Eriopisella sechellensis*

分类地位：节肢动物门 / 软甲纲 / 端足目 / 马尔他钩虾科 / 泥钩虾属

识别特征：体细长，侧扁，白色。额角小，侧叶突出，无眼或仅为一小红点，底节板窄小、不连接。第3腹节后下角具弯钩状突。尾节裂刻深，两叶为圆三角形。第1触角细长，大于第2触角，柄部近等于鞭长一半，鞭21～22节。第2触角细短，为第1触角长度的2/5，鞭3～6节。腮足短小，第1腮足腕节窄长，掌节三角形，掌缘斜截、掌角呈角状突，皆具小刺。第2腮足腕节宽阔，三角形，具突出的后叶，掌节、指节同于第1腮足。第1尾肢略长于第2尾肢，基节前末端具一活动刺。第3尾肢延长，超过其他两尾肢，外肢长，2节，内肢短小，鳞片状。

地理分布及习性：分布于我国近海；日本、泰国、印度、马达加斯加等海域也有分布。栖息于软泥和泥沙底质，水深4～30米处。

照片来源：黄河三角洲地区邻近海域

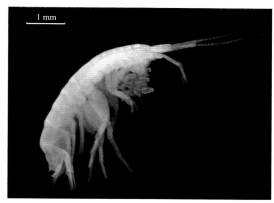

轮双眼钩虾 *Ampelisca cyclops*

中文种名：轮双眼钩虾

拉丁种名：*Ampelisca cyclops*

分类地位：节肢动物门 / 软甲纲 / 端足目 / 双眼钩虾科 / 双眼钩虾属

识别特征：躯体侧扁，前端突出平截，每侧具一单眼，眼小；第1触角处于头前突出的侧缘。第1触角短，长度几乎和第2触角第5柄节相等；第1柄节粗短，第2柄节细长，第3柄节最短，鞭7节。第2触角细长，约为第1触角的2倍，第4、第5柄节较长，鞭15节。雄体第1、第2触角柄节具细短刚毛丛。第7步足基节卵圆形，下缘稍平截，具1排羽状刚毛，座节四方形，长节三角形，掌节长卵圆形，指节长，披针形。第3腹节后侧板缘弯曲，后腹角具有一突出的齿。第4腹节背前部稍凹，背后部突出成峰。尾节长为宽的2倍，裂刻接近基部，两叶末端斜截，具4根刚毛，每叶中部具3根刚毛。第1尾肢分肢稍长于柄，柄与内肢具小刺，第2尾肢和第1尾肢的长度相等，第3尾肢柄短。

地理分布及习性：分布于我国沿岸；日本、印度洋也有分布。栖息于砂质、软泥底质，水深5～22米处。

照片来源：黄河三角洲地区邻近海域

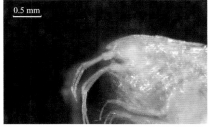

短角双眼钩虾 *Ampelisca brevicornis*

中文种名：短角双眼钩虾

拉丁种名：*Ampelisca brevicornis*

分类地位：节肢动物门 / 软甲纲 / 端足目 / 双眼钩虾科 / 双眼钩虾属

识别特征：躯体侧扁，头部前缘平截或稍凹。第 1 触角短，位于头部前端，第 2 触角细长。2 对单眼，处于头前下角。第 1 腮足底节板末端较宽，掌节卵圆形；第 2 腮足较细。第 3 步足长节较宽，前末角突出；第 4 步足底节板宽阔；第 5、第 6 步足基节宽阔，指节具附加齿；第 7 步足基节后叶扩展，末缘平截，至座节末端。第 2 腹节后腹角圆，第 3 腹节后腹角弯曲，齿状。尾节长，为宽的 2 倍，裂刻达叶长的 4/5。第 1 尾肢柄长等于分支。第 2 尾肢短。第 3 尾肢柄部稍短，末端较钝，边缘具羽状刚毛。

地理分布及习性：世界性广布种，分布于太平洋、印度洋、地中海、东北大西洋。栖息于沙泥底质，水深从中潮带到水下 14 米处。

照片来源：黄河三角洲地区邻近海域

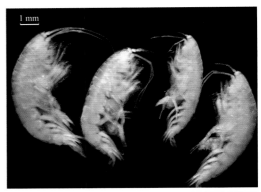

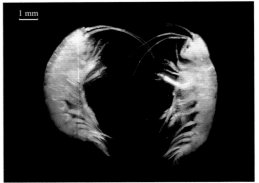

日本沙钩虾 *Byblis japonicus*

中文种名：日本沙钩虾

拉丁种名：*Byblis japonicus*

分类地位：节肢动物门 / 软甲纲 / 端足目 / 双眼钩虾科 / 沙钩虾属

识别特征：躯体侧扁，体具黑色花斑。前缘平截或稍凹，眼 2 对，周围有黑褐色斑。触角细长，第 1 触角近等于第 2 触角的一半，第 1 柄节稍粗，第 2 柄节细长；第 2 触角较长，末端节略短于次末端节。大颚臼齿发达，触须 3 节；小颚内叶顶端具 1 刚毛，触须 2 节；颚足外叶较宽，触须 4 节。腮足细弱，第 1 腮足较短，腕节略长于掌节；第 2 腮足细长，腕节长于掌节。第 3、第 4 步足简单，第 4 底节板宽与深近等。第 7 步足基节宽阔，后下角圆突，末缘一排羽状刚毛排至座节边缘。座节短，长节略长于座节，掌节、腕节近等长。第 2、第 3 腹节后缘角圆拱，第 4 腹节中凹，后拱；第 5、第 6 腹节愈合。第 1 尾肢较长，内肢内缘具刺排。尾节长宽近等，裂缝达叶长的 1/2。

地理分布及习性：分布于我国沿岸；日本、俄罗斯海域也有分布。栖息于砂质、泥沙质底，水深从潮间带的中低潮区到水下 80 米处。

照片来源：黄河三角洲地区邻近海域

头部

弯指伊氏钩虾 *Idunella curvidactyla*

中文种名：弯指伊氏钩虾

拉丁种名：*Idunella curvidactyla*

分类地位：节肢动物门 / 软甲纲 / 端足目 / 利尔钩虾科 / 伊氏钩虾属

识别特征：躯体侧扁，强壮，光滑。眼中等大，呈卵圆形。第 1 触角短于第 2 触角。第 2 至第 4 腹节后背缘具小齿；第 1 至第 3 底节板后下角具小齿；第 3 腹节后下角具小齿，后腹缘末半呈锯齿状，雄性第 1 腮足强壮，远大于第 2 腮足，指节直角弯曲。第 3 尾肢内肢长于外肢。尾节长，约为宽的 2 倍，顶端每缺刻内具 2 小刺。

地理分布及习性：分布于我国沿岸及日本海域。栖息于潮间带软泥底质，水深 5 ~ 33 米处。

照片来源：黄河三角洲地区邻近海域

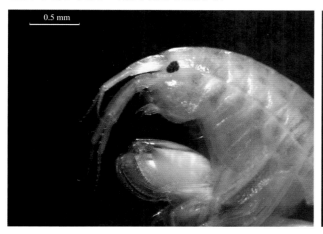

小头弹钩虾 *Orchomene breviceps*

中文种名：小头弹钩虾

拉丁种名：*Orchomene breviceps*

分类地位：节肢动物门 / 软甲纲 / 端足目 / 光洁钩虾科 / 弹钩虾属

识别特征：躯体胖圆，光滑似瓷。头部短，额角小，侧叶尖突，眼卵圆。第 1 触角粗短，第 1 柄节粗壮较长，第 2、第 3 柄极短；鞭 9 ~ 11 节，第 1 鞭节粗长，内缘具细刚毛，副鞭 3 ~ 5 节。雄体第 2 触角长丝状，鞭 19 ~ 36 节；雌体短小，鞭 7 节。第 1 腮足较短，亚螯状，腕节短。第 2 腮足细，基节、座节较长。第 1 至第 4 底节板窄长。第 3、第 4 步足简单，指节爪状。第 6、第 7 步足形状相似，基节卵圆形。第 3、第 4 腹节后下角具 3 个或 4 个小齿，第 4 腹节前部具背凹陷。第 1 尾肢长于第 2 尾肢，第 3 尾肢柄部短，外肢长，2 节。尾节裂刻达叶长的 3/4，末端和叶中侧面各具一刺。

地理分布及习性：分布于我国沿岸及日本海域。栖息于软泥底质，水深 5 ~ 8 米处。

照片来源：黄河三角洲地区邻近海域

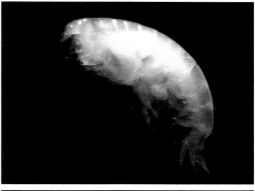

头部

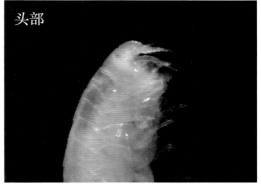

中国毛虾 *Acetes chinensis*

中文种名：中国毛虾

拉丁种名：*Acetes chinensis*

分类地位：节肢动物门 / 软甲纲 / 十足目 / 樱虾科 / 毛虾属

识别特征：体小型，侧扁。甲壳薄，透明。额角短小，下缘斜而微曲上缘具 2 齿。头胸甲具眼后刺及肝刺。眼圆形，眼柄细长。第 1 触角雌雄不同，雌性第 3 柄节较短，下鞭细而直；雄性第 3 柄节较长。步足 3 对，末端为微细钳状，第 3 对最长，第 4、第 5 对完全退化。雄性交接器位于第 1 腹肢原肢的内侧；雌性生殖板在第 3 对胸足基部之间。腹部第 6 节最长，略短于头胸甲，其长度约为高度的 2 倍。尾节甚短，末端圆形无刺，尾肢内肢基部有 1 列红色小点，数目 2 ~ 8 个。

地理分布及习性：我国沿岸均产，尤以渤海沿岸产量最大。近岸生活，多栖居在海湾或河口附近。

照片来源：黄河三角洲地区邻近海域

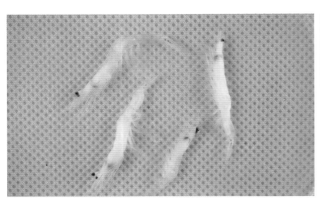
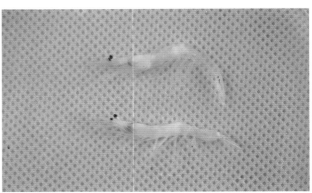

哈氏和美虾 *Nihonotrypaea harmandi*

中文种名：哈氏和美虾

拉丁种名：*Nihonotrypaea harmandi*

分类地位：节肢动物门 / 软甲纲 / 十足目 / 美人虾科 / 和美虾属

识别特征：体透明，胸腹部较扁。额角不显著，呈宽三角形突起，末端圆，不呈刺状。头胸甲无刺，后部具颈沟，清楚；两侧具鳃甲线。第 1 触角柄第 1 节与眼柄末端相齐，第 2 触角柄与第 1 触角柄长度相等。雄性大螯强壮，长节基部有大的齿状突起；不动指弯曲，可动指内缘有 2 突起，两指仅末端合拢。雌性大螯较雄性小而细，腕节与掌部近等，可动指内缘稍凸。雄性第 1 腹肢短小，雌性第 1 腹肢细长；雄性不具第 2 腹肢，雌性第 2 腹肢之基肢弯曲，粗大，内肢细长，外肢短。第 3 至第 5 对腹肢皆为宽叶片状，尾肢宽，长度与尾节相等。

地理分布及习性：分布于我国的辽宁、河北、山东各省沿岸。穴居于沙底或泥沙底的浅海或河口附近，一般生活在潮间带中下区。

照片来源：黄河三角洲地区邻近海域

日本和美虾 *Nihonotrypaea japonica*

中文种名：日本和美虾

拉丁种名：*Nihonotrypaea japonica*

分类地位：节肢动物门 / 软甲纲 / 十足目 / 美人虾科 / 和美虾属

识别特征：体形与哈氏和美虾极相似。额角短，其末端稍尖。雄性第 1 步足的大螯可动指内缘基部稍凸，不具宽大突起；掌部短，腕节的长度约为掌部的 1.5 倍。幼小标本大螯的形状与雌性相似。雌性大螯腕节较掌部稍长。

地理分布及习性：我国沿岸均有分布。穴居于沙底或泥沙底的浅海或河口附近，一般生活在潮间带中下区。

照片来源：黄河三角洲地区邻近海域

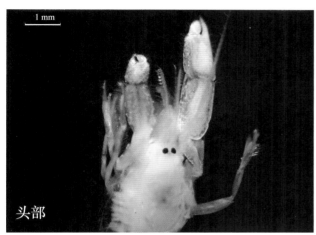

头部

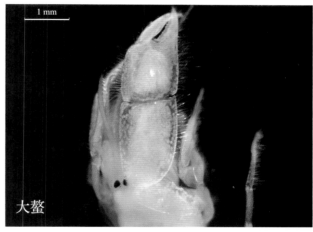

大螯

东方长眼虾 *Ogyrides orientalis*

中文种名：东方长眼虾

拉丁种名：*Ogyrides orientalis*

分类地位：节肢动物门 / 软甲纲 / 十足目 / 长眼虾科 / 长眼虾属

识别特征：体长 15 ~ 25 毫米。体细长，额角短小，背面三角形。眼小，眼柄长，约为头胸甲的一半。头胸甲背前部有活动刺 3 ~ 5 个，表面具小凹点及短毛。第 1、第 2 步足细小，钳状，第 2 步足腕由 4 节构成，第 1 节最长；后 3 对步足指节长叶片状，末端无爪。腹部侧扁，第 5、第 6 节间弯曲，第 6 节背面前缘隆起。尾节舌状，与第 6 节相等。边缘具羽状毛。

地理分布及习性：分布于我国的辽宁、山东、江苏沿海。生活于泥底或沙底浅海，常潜于泥沙中。

照片来源：黄河三角洲地区邻近海域

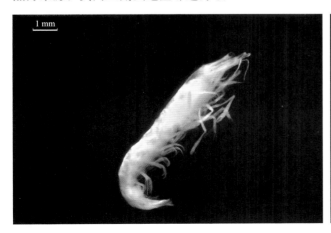

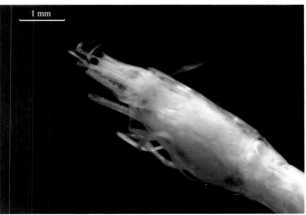

水母深额虾 *Latreutes anoplonyx*

中文种名：水母深额虾

拉丁种名：*Latreutes anoplonyx*

分类地位：节肢动物门 / 软甲纲 / 十足目 / 藻虾科 / 深额虾属

识别特征：体长 20 ~ 35 毫米，雌性粗大。额角侧扁，上下缘间很宽，侧面略呈三角形，雌性短宽，短于头胸甲；雄性窄长，长于头胸甲。额角上缘 7 ~ 22 个齿，下缘 6 ~ 11 个齿，齿弱小。头胸甲具胃上刺、触角刺，前侧角锯齿状，具 8 ~ 12 个小齿。第 1 触角柄宽而短。第 2 触角鳞片短于额角，末端形成一尖刺。第 1 步足短而粗，第 2 步足细长，第 3 步足最长。尾节与尾肢等长，外肢的外末角有一活动刺。

地理分布及习性：分布于我国沿岸，为北方沿岸习见种。栖息于泥沙底质的浅海中。

照片来源：黄河三角洲地区邻近海域

疣背深额虾 *Latreutes planirostris*

中文种名：疣背深额虾

拉丁种名：*Latreutes planirostris*

分类地位：节肢动物门 / 软甲纲 / 十足目 / 藻虾科 / 深额虾属

识别特征：体细小，雌性粗短。雌性额角短而宽，雄性长而窄，上缘平直。额角齿数变化大，上缘 7 ~ 15 个，下缘 6 ~ 11 个；雌性的锯齿大于雄性。头胸甲胃上刺极大。胃上刺及其后方的突起雌性大于雄性，雄性胃上刺较近前缘。腹部第 2 至第 3 节背面有强大的纵脊。第 2 步足伸至第 2 触角鳞片中部之前。第 3 步足伸至鳞片末端附近。第 3 至第 5 对步足指节末端为双爪，腹缘具 4 ~ 5 个活动刺，稍粗大。

地理分布及习性：我国北方沿岸均有分布。生活于泥沙底浅海。

照片来源：黄河三角洲地区邻近海域

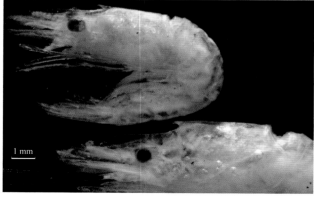

细螯虾 *Leptochela gracilis*

中文种名：细螯虾

拉丁种名：*Leptochela gracilis*

分类地位：节肢动物门／软甲纲／十足目／玻璃虾科／细螯虾属

识别特征：体较小，侧扁，甲壳光滑。额角短小、侧扁，刺刀状，上下缘皆无齿。眼圆形，柄短。第2触角鳞片长，长三角形，末端刺状。头胸甲光滑无刺或脊。前2对步足细长，具钳；后3对步足短；1～5对步足均具外肢。腹部第4至第5节背面中央有纵脊，第5节脊末有一显著弯刺；第6节的前缘背面具横脊，两侧腹缘后部各具一大刺，前方有2小刺。尾节平扁，末端宽，中央尖而突出，后侧角边缘上具5对活动刺。尾肢略短于尾节，内外肢外缘均具毛和小刺。

地理分布及习性：我国沿岸均有分布。生活于泥沙底浅海，为近岸习见种。

照片来源：黄河三角洲地区邻近海域

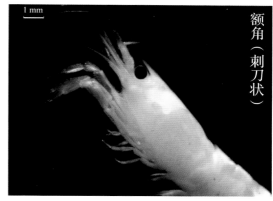

额角（刺刀状）

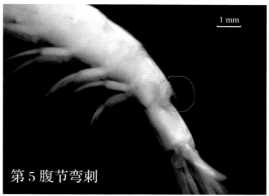

第5腹节弯刺

圆球股窗蟹 *Scopimera globosa*

中文种名：圆球股窗蟹

拉丁种名：*Scopimera globosa*

分类地位：节肢动物门／软甲纲／十足目／毛带蟹科／股窗蟹属

识别特征：头胸部球形，头胸甲宽度约为其长度的1.5倍，表面除心区外皆具分散的颗粒。额窄，向下弯。眼窝大，眼柄很长；外眼窝齿三角形。第3颚足的座节较长于长节。侧缘锐。雄螯长节外侧面有一长卵形鼓膜，小，内侧面的鼓膜较大。腹面具颗粒，背面隆起。第1至第4步足渐短，具细小颗粒及黑色长刚毛，长节背、腹面均有长卵形的鼓膜，第3对鼓膜最大。雄性腹部呈长条形，雌性腹部呈长卵形。

地理分布及习性：分布于我国广东、福建、山东半岛沿岸；朝鲜西岸、日本近海、斯里兰卡沿岸也有分布。穴居于低潮区的泥沙滩上。

照片来源：黄河三角洲地区邻近海域

日本大眼蟹 *Macrophthalmus japonicus*

中文种名：日本大眼蟹

拉丁种名：*Macrophthalmus japonicus*

分类地位：节肢动物门 / 软甲纲 / 十足目 / 大眼蟹科 / 大眼蟹属

识别特征：头胸甲呈方形，宽约为长的 1.5 倍，表面具颗粒及软毛，具横、纵沟。眼窝宽，眼柄细长，背、腹缘均具锯齿。额窄，稍下弯。前侧缘第 1 齿较第 2 齿小，边缘具颗粒，第 3 齿弱。鳃区有 2 条前后平行的浅沟。螯足对称，雄螯大，长节内、腹面具短毛；指节长于掌节，两指下弯，可动指基部具一钝齿，不动指基部具细锯齿。第 2、第 3 步足大，第 1、第 4 步足小。第 1 至第 3 对步足长节的背、腹缘均具颗粒及短毛，第 2、第 3 对步足腕节背面具 1 ～ 2 条颗粒隆线。雄性腹部呈三角形。雌性腹部圆大。

地理分布及习性：分布于我国黄海、渤海及东海沿岸；日本、新加坡海域也有分布。穴居于低潮线的泥沙滩上。

照片来源：黄河三角洲地区邻近海域

霍氏三强蟹 *Tritodynamia horvathi*

中文种名：霍氏三强蟹

拉丁种名：*Tritodynamia horvathi*

分类地位：节肢动物门 / 软甲纲 / 十足目 / 大眼蟹科 / 三强蟹属

识别特征：头胸甲略呈六角形，宽为长的 1.5 倍，表面隆起，有栗褐色斑点。眼窝背缘平直，近等于额缘，外眼窝角小而锐。第 3 颚足长节长于座节。分区不明显，中部具一横沟。前缘 3 齿、不明显，侧缘较斜直，后缘较平直。螯足对称。掌长大于宽，内、外侧面隆起。两指内缘合拢时空隙较大，可动指靠近基部处有一大齿，后有一小齿；不动指基部有一小齿，其余具细锯齿。

地理分布及习性：分布于我国黄海、渤海、东海；日本、朝鲜半岛海域也有分布。栖息于水深 100 米以下的泥沙质海底，具有成群洄游的习性。

照片来源：黄河三角洲地区邻近海域

豆形拳蟹 *Philyra pisum*

中文种名： 豆形拳蟹

拉丁种名： *Philyra pisum*

分类地位： 节肢动物门 / 软甲纲 / 十足目 / 玉蟹科 / 拳蟹属

识别特征： 头胸甲呈圆球形，长稍大于宽，分区明显。背面隆起具颗粒，胃、心区及中鳃区颗粒明显。额窄且短，前缘中部稍凹。侧缘具分散细颗粒。雄性后缘平直，雌性稍突出。螯足粗壮，雄性比雌性大，长节呈圆柱形，背面基部及前、后缘均密布颗粒；腕节隆起，边缘具细颗粒；两指内缘具细齿。步足细长、光滑，圆柱形；前节前缘具一隆线，后缘锋锐；指节扁平，末端尖锐。雄性腹部呈锐三角形，雌性腹部呈圆形，都是第 2 至第 6 节愈合。尾节很小。

地理分布及习性： 分布于我国沿岸；朝鲜、日本、新加坡、菲律宾群岛、加利福尼亚海域也有分布。栖息于潮间带至潮下带水深几十米的泥沙海底。

照片来源： 黄河三角洲地区邻近海域

红线黎明蟹 *Matuta planipes*

中文种名： 红线黎明蟹

拉丁种名： *Matuta planipes*

分类地位： 节肢动物门 / 软甲纲 / 十足目 / 黎明蟹科 / 黎明蟹属

识别特征： 体色淡黄，头胸甲近圆形。背部稍隆起，背中部具 6 个疣状突起，密布着由小红斑点连成的红线。额窄，中部突出，其前缘具一 "V" 形缺刻，被分成 2 钝齿。前侧缘具不等大齿状突起，侧缘中部具一锐刺。螯足强壮，长节外侧缘具 4 ~ 6 个突起，内侧缘具短毛；腕节三角形，末缘具数突起；掌节背缘具 3 ~ 4 个突起，背面两列 8 ~ 9 个突起；外侧面具一强壮的锐刺；内侧面近背缘处有 2 个不等大具缺刻的发声磨板；可动指外侧面具一横行隆脊。步足呈桨状，长节的前后缘均具硬毛（第 3 对步足长节的后缘具锯齿）。雄性腹部呈长三角形，雌性腹部呈卵圆形。

地理分布及习性： 分布于我国沿岸；日本、澳大利亚、印度尼西亚、泰国、新加坡、印度及南非洲沿岸也有分布。生活于细砂、中砂或碎壳泥沙质海底，水深 16 ~ 40 米处。

照片来源： 黄河三角洲地区邻近海域

颗粒拟关公蟹 *Paradorippe granulata*

中文种名：颗粒拟关公蟹

拉丁种名：*Paradorippe granulata*

分类地位：节肢动物门 / 软甲纲 / 十足目 / 关公蟹科 / 拟关公蟹属

识别特征：头胸甲长大于宽，后半部较宽。表面密具颗粒，分区明显。额突出，具绒毛，前缘凹，2 个三角形齿。内眼窝齿短小，外眼窝齿锐、突出，稍长于额齿。雌蟹螯对称，雄蟹螯不对称，表面均具颗粒，较大螯足掌部膨肿，不动指短，两指内缘具钝齿。前 2 对步足很长，无绒毛，表面密具颗粒；后 2 对步足短小具绒毛，末节钳状。雄性第 1 腹肢分 2 节，基节长，末节粗短。

地理分布及习性：分布于我国沿岸；朝鲜、日本海域也有分布。生活在海底泥沙上。

照片来源：黄河三角洲地区邻近海域

日本拟平家蟹 *Heikeopsis japonicus*（*Heikeopsis japonica*）

中文种名：日本拟平家蟹

拉丁种名：*Heikeopsis japonicus* (*Heikeopsis japonica*)

分类地位：节肢动物门 / 软甲纲 / 十足目 / 关公蟹科 / 拟平家蟹属

识别特征：头胸甲光滑，宽大于长，后半部宽，背面有沟纹和隆起，隆起部分光滑。额窄，颗粒稀少。内眼窝齿钝、外眼窝齿呈三角形。心区凸起球状，前缘具"V"形缺凹。雄性螯足对称或不对称，长节三棱形，腕节隆起，掌节光滑，背、腹缘具短毛。前两对步足瘦长，长约为头胸甲的 3.2 倍，末 3 节具短毛；后 2 对步足短小，具短绒毛，位于背面，掌节后部突出，具一撮短毛，指呈钩状。

地理分布及习性：我国沿岸均有分布；日本、朝鲜沿岸亦产。栖息于潮间带至潮下带水深 130 米的泥沙海底。

照片来源：黄河三角洲地区邻近海域

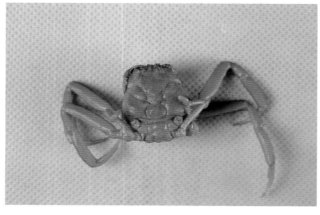 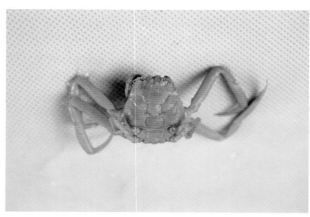

四齿矶蟹 *Pugettia quadridens*

中文种名：四齿矶蟹

拉丁种名：*Pugettia quadridens*

分类地位：节肢动物门／软甲纲／十足目／卧蜘蛛蟹科／矶蟹属

识别特征：头胸甲前窄后宽，表面密布短绒毛，并分布着棒形刚毛，略呈蜘蛛形。肝区边缘向前后各伸出一齿，侧胃区具一列斜行的弯曲刚毛，中胃区具 2 个疣状突起。额突起，向前伸出 2 个角状锐刺，呈"V"形。螯足对称，雄性的比雌性的大，长节近长方形，掌节的长度大于高度，指节较掌节略短。步足细长，第 1 对最长，向后渐短，常具软毛，长节背面平滑，腕节背面具一凹陷，前节及指节均为圆柱形。

地理分布及习性：分布于我国沿岸及日本海域。生活于低潮线，有水草、泥沙的水底，有时潜伏在具海藻、泥沙岸边的岩石缝中。

照片来源：黄河三角洲地区邻近海域

扁足剪额蟹 *Scyra compressipes*

中文种名：扁足剪额蟹

拉丁种名：*Scyra compressipes*

分类地位：节肢动物门／软甲纲／十足目／卧蜘蛛蟹科／剪额蟹属

识别特征：头胸甲呈三角形，背面隆起，分区明显。胃区大、光滑，具 5 个小突起。肝区与眼窝檐相连，具一锐刺。心、肠区各具一突起，鳃区具 3 突起。前、后侧缘具一大刺。额分 2 齿，形如剪刀。眼前刺突出，尖锐。螯足粗壮，长节棱柱形，具 4 条隆脊。腕节小，掌侧扁、光滑。步足内外缘均具不规则刚毛，指尖弯，后缘毛下具 2 列小齿。雌雄和两性腹部均分 7 节。雄性第 1 腹肢瘦长，末端宽，分 2～3 叉。

地理分布及习性：产于我国的黄海、渤海及东海近岸；朝鲜及日本海域也有分布。栖息于泥质沙、软泥或碎壳，水深 10～160 米处。

照片来源：黄河三角洲地区邻近海域

隆线强蟹 *Eucrate crenata*

中文种名：隆线强蟹

拉丁种名：*Eucrate crenata*

分类地位：节肢动物门 / 软甲纲 / 十足目 / 宽背蟹科 / 强蟹属

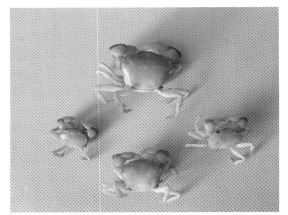

识别特征：头胸甲近圆方形，前宽后窄，表面光滑，具红色小斑点及细小颗粒。额分2叶，中央具缺刻。眼窝大，内眼窝齿锐，外眼窝齿呈钝三角形。第2触角基节的外末角与背、腹内眼窝角相连接，触角鞭位于眼窝外。第3颚足长节的外末角稍突出。前侧缘较后侧缘短，稍拱，具3齿，中齿最突出，第3齿最小。螯足光滑，不对称，右螯大，长节光滑，腕节隆起，末缘具一丛短绒毛，掌节有斑点，指节长于掌节，两指间的空隙大。步足稍光滑，第1至第3对依次渐长，第4对最短。雄性腹部呈锐三角形，尾节长，其长度接近于宽度的2倍，雌性腹部呈宽三角形。

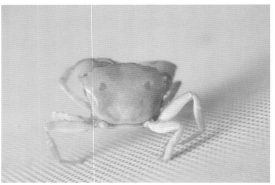

地理分布及习性：分布于我国沿岸；朝鲜半岛、日本、泰国、印度沿岸及红海也有分布。生活于水深8 ~ 100米的泥沙质海底上，在低潮线的石块下隐伏。

照片来源：黄河三角洲地区邻近海域

艾氏活额寄居蟹 *Diogenes edwardsii*

中文种名：艾氏活额寄居蟹

拉丁种名：*Diogenes edwardsii*

分类地位：节肢动物门 / 软甲纲 / 十足目 / 活额寄居蟹科 / 活额寄居蟹属

识别特征：较大个体头胸甲长约20毫米，颈沟前方部分富钙质，两侧具有横皱褶。额角由一在眼柄基部鳞片之间的活动刺所代替。眼柄粗长。螯肢左大右小。大螯腕节三角形，掌节扁平，上下缘与指节均具刺状突起，其背面在小型个体具毛，而大型个体光滑无毛。右螯指、掌节皆具长毛。第2、第3步足腕节、掌节前缘具小刺，指节长。腹部左侧腹肢4个。

地理分布及习性：分布于我国海区；日本、马来西亚沿岸及印度洋也有分布。生活于潮间带中下区沙滩或泥沙滩。

照片来源：黄河三角洲地区邻近海域

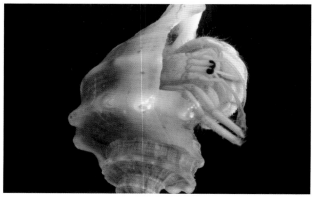

口虾蛄 *Oratosquilla oratoria*

中文种名：口虾蛄
拉丁种名：*Oratosquilla oratoria*
分类地位：节肢动物门 / 软甲纲 / 口足目 / 虾蛄科 / 口虾蛄属
识别特征：头胸甲背面各脊显著，额板近梯形，宽大于长，背面具坑点。眼大，角膜双瓣，斜接于眼柄上。第 1 触角发达。第 2 触角鳞片大。胸部 5 ~ 7 节侧缘皆具 2 个侧突。腹部第 2 至第 5 节中线上具甚短而中断的小脊。第 2 胸肢强大，腕节背缘具 3 ~ 5 个不规则的齿状突，指节具 6 齿。尾节宽大于长，背面中央脊及腹面肛门后脊皆具隆起明显的脊。
地理分布及习性：分布于我国沿岸，以黄海、渤海的产量最大；日本、菲律宾及美国夏威夷沿岸亦有分布。穴居于潮下带 30 米以内的泥沙底。
照片来源：黄河三角洲地区邻近海域

棘刺锚参 *Protankyra bidentata*

中文种名：棘刺锚参
拉丁种名：*Protankyra bidentata*
分类地位：棘皮动物门 / 海参纲 / 无足目 / 锚参科 / 刺锚参属
识别特征：体呈蠕虫状，一般的体长在 10 厘米左右，体壁薄，半透明，具 5 条纵肌。触手 12 个，上具 4 个指状小枝。触手基部中间具 12 个黄褐色眼点。间辐部皮肤内有大型的锚和锚板，体后端的锚和锚板常比体前端的大。体前端皮肤内具各种不同的星形体，体后端皮肤内具 "X" 形体。辐部皮肤内除 "X" 形体外，有很多卵圆形光滑的颗粒体。
地理分布及习性：为我国黄海、渤海沿岸的常见种，福建厦门近海也习见；日本、菲律宾、朝鲜半岛海域也有分布。多栖息在潮间带的泥沙至水深 15 米的泥底。
照片来源：黄河三角洲地区邻近海域

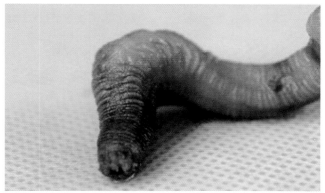

心形海胆 *Echinocardium cordatum*

中文种名：心形海胆

拉丁种名：*Echinocardium cordatum*

分类地位：棘皮动物门 / 海胆纲 / 心形目 / 拉文海胆科 / 心形海胆属

识别特征：壳呈不规则心脏形，薄而脆，后端为截断形。壳前部 1/3 处最宽。反口面间步带都隆起。5 个步带都呈凹槽状，里边的管足孔微小而密集，排列为不规则的两行。顶偏前方，生殖孔有 4 个。内带线很明显。围肛部在壳后端上方，稍向内凹入。围口部稍偏于前方，前方和两侧有裸出的步带道。反口面的棘很细，胸板上的大棘强大且弯曲，末端扁平呈匙状。

地理分布及习性：世界广布种。主要分布于我国黄海及日本、新西兰、南非等海域。栖息在潮间带至水深 230 米的沙底。

照片来源：黄河三角洲地区邻近海域

多棘海盘车 *Asterias amurensis*

中文种名：多棘海盘车

拉丁种名：*Asterias amurensis*

分类地位：棘皮动物门 / 海星纲 / 钳棘目 / 海盘车科 / 海盘车属

识别特征：呈五角星状，体扁，背面稍隆，口面很平。腕 5 个，基部宽，稍压缩，末端渐细，边缘很薄。背板结成网状，背棘短小，分布稍疏，各棘末端稍宽扁，顶端带细锯齿。上缘板构成腕的边缘，上缘棘一般为 4～6 个，也有 3 个或 7 个的。上缘棘多呈短柱状，顶端稍扩大，且具纵沟棱。下缘板在口面，一般有 3 棘，有的具 2 棘或 4 棘，比上缘棘略长和粗壮，末端钝。侧步带棘不规则，为 1 个和 2 个、2 个和 2 个或 2 个和 3 个交互的排列；外行棘长而粗，内行棘细而弯，各棘上具数个直形叉棘。

地理分布及习性：分布于我国黄海、渤海；日本海、朝鲜半岛及北太平洋亚洲沿岸也有分布。生活在潮间带至水深 40 米的沙或岩石底。

照片来源：黄河三角洲地区邻近海域

日本倍棘蛇尾 *Amphioplus japonicus*

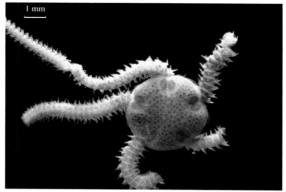

中文种名：日本倍棘蛇尾

拉丁种名：*Amphioplus japonicus*

分类地位：棘皮动物门 / 蛇尾纲 / 真蛇尾目 / 阳遂足科 / 倍棘蛇尾属

识别特征：盘圆，直径为 5 ～ 7 毫米，腕长为 25 ～ 35 毫米。间辐部向外扩张，略呈五叶状。盘背面密覆细鳞片，沿盘缘常有一列大型、四角状的边缘鳞片。辐楯半月形，长约为宽的 2 倍，彼此完全相接。口楯为菱形，略长，内角尖锐，外角钝圆。侧口板为三角形，辐侧缘略凹进，内尖，彼此相接。口棘 4 个，大小几乎相等，紧密地靠在一起。齿 5 个，末端锐，上下垂直排列。背腕板宽大，略呈椭圆形，内缘凸，外缘稍外弯。第一腹腕板为四角形，宽约为长的 2 倍，后腹腕板为五角形，彼此稍相接。侧腕板在背面充分隔开，在腹面几乎相接。腕棘 3 个，大小相等。触手鳞 2 个，薄而平。

地理分布及习性：分布于我国黄海、渤海、东海；朝鲜半岛、日本近海也有分布。生活于水深 10 ～ 60 米的沙底。

照片来源：黄河三角洲地区邻近海域

金氏真蛇尾 *Ophiura kinbergi*

中文种名：金氏真蛇尾

拉丁种名：*Ophiura kinbergi*

分类地位：棘皮动物门 / 蛇尾纲 / 真蛇尾目 / 真蛇尾科 / 真蛇尾属

识别特征：盘一般为 6 ～ 7 毫米，最大者可达 12 毫米。盘圆且扁，背板、辐板、基板大而明显。辐楯大，梨子状，被 2 个大的和几个小的鳞片所分隔。腕栉明显，栉棘细长，有 8 ～ 12 个。口楯大，呈五角星状，长大于宽；内角尖锐、外缘钝圆。侧口板狭长，彼此相接。口棘 3 ～ 4 个，短而尖锐。齿 4 ～ 5 个，上下排列为一行。背腕板发达，腕基部宽短，腕中部和末梢为四角形或多角形。腹腕板小，呈三角形。腕棘 3 个，背面最长，腕末端中央的一个最短。触手鳞薄而圆，在口触手孔为 8 ～ 10 个。

地理分布及习性：分布于我国沿岸；日本、朝鲜半岛海域也有分布。生活于潮间带至水深 50 米的沙底或泥沙底。

照片来源：黄河三角洲地区邻近海域

第四部分
常见游泳动物
Nekton

　　游泳动物是指在水层中能克服水流阻力自由游动的水生动物生态类群，绝大多数游泳动物是水域生产力中的终级生产品，产量占世界水产品总量的 90% 左右，是人类食品中动物蛋白质的重要来源。游泳动物能主动活动，其活动主要靠发达的运动器官，这类器官不仅可克服海流与波浪的阻力，进行持久运动，还可迅速起动，以捕捉食物、逃避敌害等。游泳动物主要由脊椎动物的鱼类、海洋哺乳动物、头足类和甲壳类的一些种类以及爬行类和鸟类的少数种类组成。

　　该部分共收录黄河三角洲地区邻近海域常见游泳动物 106 种，隶属于 3 门 3 纲 17 目 60 科 91 属，其中鱼类 66 种，隶属于 1 门 1 纲 12 目 36 科 57 属；甲壳类 36 种，隶属于 1 门 1 纲 2 目 21 科 31 属；头足类 4 种，隶属于 1 门 1 纲 3 目 3 科 3 属。

青鳞小沙丁鱼 *Sardinella zunasi*

中文种名：青鳞小沙丁鱼
拉丁种名：*Sardinella zunasi*
分类地位：脊索动物门 / 辐鳍鱼纲 / 鲱形目 / 鲱科 / 小沙丁鱼属
识别特征：体长椭圆形，侧扁。体被圆鳞，不易脱落，腹部具锐利棱鳞。无侧线。背部青褐色，体侧和腹部银白色，鳃盖后上角具一黑斑，口周围黑色。头中等大。眼中等大。口前位。背鳍1个，浅灰色，前缘散布中等大黑点，起点位于体中部稍前方。胸鳍下侧位，色淡。腹鳍具腋鳞，色淡。臀鳍，色淡，最后2根鳍条扩大延长。尾鳍分叉，无匕首状大鳞，灰色，后缘黑色。
主要分布：分布于我国渤海、黄海、东海、南海。
照片来源：黄河三角洲地区邻近海域

斑鰶 *Konosirus punctatus*

中文种名：斑鰶
拉丁种名：*Konosirus punctatus*
分类地位：脊索动物门 / 辐鳍鱼纲 / 鲱形目 / 鲱科 / 斑鰶属
识别特征：体侧扁，长椭圆形。体被薄圆鳞，鳞近六角形，头部无鳞，腹部有齿状棱鳞。无侧线。头、体背侧黑绿色，体侧上方8～9个纵行小绿点，体侧下方和腹部银白色。吻稍钝。口小，无齿。上颌较下颌略长，上颌中央具显著缺刻。背鳍1个，前中央无棱鳞，最后一鳍条延长为丝状，向后约达尾柄中部。胸鳍基有短腋鳞，上方有一黑斑。腹鳍基有短腋鳞。尾鳍叉形。
主要分布：分布于我国渤海、黄海、东海、南海，朝鲜半岛、日本等西太平洋海域均有分布。
照片来源：黄河三角洲地区邻近海域

鳀 *Engraulis japonicus*

中文种名： 鳀

拉丁种名： *Engraulis japonicus*

分类地位： 脊索动物门 / 辐鳍鱼纲 / 鲱形目 / 鳀科 / 鳀属

识别特征： 体亚圆柱形，腹部近圆形。体被薄圆鳞，极易脱落，头部无鳞。无侧线。背部蓝黑色，侧上方微绿，两侧及下方银白色。头部稍大，侧扁。吻圆短。上颌长于下颌，延达眼后。眼大，侧高位，具很薄的脂膜，眼间隔隆凸，中间有一棱。鼻孔小。口宽大，下位。背鳍 1 个。胸鳍侧上位。腹鳍小。尾鳍深叉形，基部有 2 个大鳞。

主要分布： 分布于我国渤海、黄海、东海、南海，俄罗斯、朝鲜半岛、日本等西太平洋海域均有分布。

照片来源： 黄河三角洲地区邻近海域

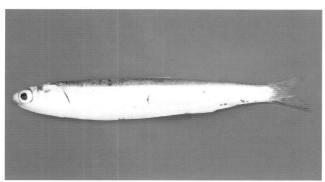

黄鲫 *Setipinna taty*

中文种名： 黄鲫

拉丁种名： *Setipinna taty*

分类地位： 脊索动物门 / 辐鳍鱼纲 / 鲱形目 / 鳀科 / 黄鲫属

识别特征： 体扁薄，背缘稍隆起，腹缘隆起程度大于背缘。体被薄圆鳞，易脱落，自鳃孔下方至肛门间腹缘上有强棱鳞。无侧线。体背面青绿色或暗灰黄色，体侧银白色，吻和头侧中部淡黄色。头短小。眼小。吻突出。口裂大，倾斜。上颌稍长于下颌。背鳍 1 个，黄色，前部一小刺。胸鳍，黄色，上部一鳍条延长为丝状。背鳍与臀鳍始点相对，居体长 1/2 处。臀鳍长，浅黄色。腹鳍小于胸鳍，始点距胸鳍始点、臀鳍始点的距离相等。尾鳍叉形，黄色。

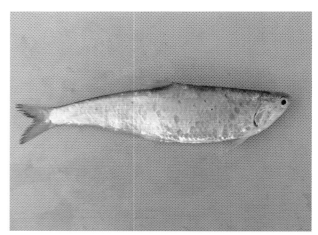

主要分布： 分布于我国渤海、黄海、东海、南海，朝鲜半岛、日本、澳大利亚、印度等海域均有分布。

照片来源： 黄河三角洲地区邻近海域

赤鼻棱鳀 *Thryssa kammalensis*

中文种名：赤鼻棱鳀

拉丁种名：*Thryssa kammalensis*

分类地位：脊索动物门 / 辐鳍鱼纲 / 鲱形目 / 鳀科 / 棱鳀属

识别特征：体延长，侧扁。体被薄圆鳞，鳞中等大，易脱落，自鳃孔下方至肛门间腹缘有发达的棱鳞。无侧线。体背部青灰色，具暗灰色带，侧面银白色，吻常赤红色。头中等大，侧扁。吻突出，长度短于眼径。口大，倾斜。上颌长于下颌。背鳍 1 个，前方具一小棘。胸鳍、腹鳍具腋鳞。臀鳍基部长，始于背鳍后下方。尾鳍分叉。

主要分布：分布于我国渤海、黄海、东海、南海，印度尼西亚、马来西亚等海域均有分布。

照片来源：黄河三角洲地区邻近海域

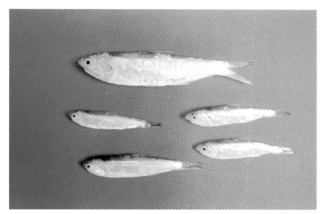

中颌棱鳀 *Thryssa mystax*

中文种名：中颌棱鳀

拉丁种名：*Thryssa mystax*

分类地位：脊索动物门 / 辐鳍鱼纲 / 鲱形目 / 鳀科 / 棱鳀属

识别特征：体延长，侧扁。体被薄圆鳞，极易脱落，腹部具棱鳞。背部青绿色，体侧银白色，吻部浅黄色，胸鳍和尾鳍黄色，鳃盖后方具一青黄色大斑。头中等大。吻圆钝，长度短于眼径。眼较小，前侧位。口大，亚下位，斜裂，口裂伸达眼后下方。上颌稍长于下颌，上颌骨较长，后端伸达胸鳍基部。背鳍 1 个，较小，位于体中部，始于吻端和尾鳍中间。胸鳍下侧位，鳍端伸达腹鳍。腹鳍小，位于背鳍前下方。臀鳍基部长，始于背鳍中部下方。尾鳍分叉。

主要分布：分布于我国渤海、黄海、东海、南海，韩国、印度尼西亚等海域也有分布。

照片来源：黄河三角洲地区邻近海域

中国大银鱼 *Protosalanx chinensis*

中文种名：中国大银鱼

拉丁种名：*Protosalanx chinensis*

分类地位：脊索动物门 / 辐鳍鱼纲 / 鼠鳝目 / 银鱼科 / 大银鱼属

识别特征：体细长，前部略呈圆筒状，后部侧扁。无鳞。无侧线。无色透明，两侧腹面各有1行黑色斑点。头部上下扁平。吻尖细，三角形。眼小，侧位。口裂宽。下颌长于上颌，上颌骨末端伸越眼前缘下方。背鳍1个，起点位于臀鳍前方或与臀鳍前部相对，背鳍后具一脂鳍。胸鳍大而尖，鳍基具肉质片。腹鳍小。性成熟时雄鱼臀鳍呈扇形，基部有1列鳞片。尾鳍叉形。

主要分布：分布于我国渤海、东海、黄海，朝鲜半岛、日本、越南等海域以及通海江河和湖泊均有分布。

照片来源：黄河三角洲地区邻近海域

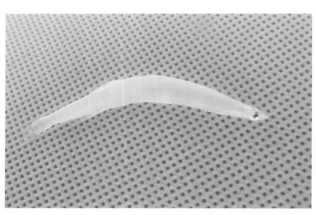

长蛇鲻 *Saurida elongata*

中文种名：长蛇鲻

拉丁种名：*Saurida elongata*

分类地位：脊索动物门 / 辐鳍鱼纲 / 仙女鱼目 / 狗母鱼科 / 蛇鲻属

识别特征：体细长圆筒状，前部及头略平扁，后部稍侧扁。体背侧棕色，腹部白色。背鳍、腹鳍、尾鳍均浅棕色，胸鳍及尾鳍下叶灰黑色。吻尖而平扁。体被圆鳞，头后部和颊部有鳞，不分支鳍条具鳞。侧线发达，平直，侧线鳞明显。眼中等大，脂眼睑发达。口大，口裂长，长超过头长的1/2，末端达眼后缘下方。两颌约等长，上、下颌骨狭长，具多行细齿。背鳍1个，位于中部稍前。具小脂鳍。胸鳍中侧位，后端不达腹鳍起点。臀鳍小于背鳍。尾鳍深叉形。

主要分布：分布于我国渤海、黄海、东海、南海，朝鲜半岛、日本等西北太平洋海域也有分布。

照片来源：黄河三角洲地区邻近海域

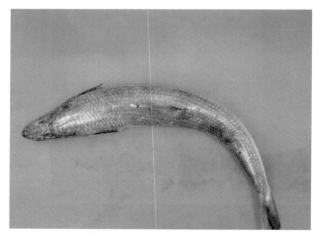

大头鳕　*Gadus macrocephalus*

中文种名：大头鳕
拉丁种名：*Gadus macrocephalus*
分类地位：脊索动物门 / 辐鳍鱼纲 / 鳕形目 / 鳕科 / 鳕属
识别特征：体延长，侧扁，向后逐渐细狭。体被小圆鳞。侧线色浅。头、背及体侧灰褐色，具不规则深褐色斑纹，腹面灰白色。头大。眼大。口大，端位。上颌稍长，颏须发达。背鳍 3 个，分离，第 1 背鳍圆形。胸鳍圆形，中侧位。腹鳍胸位，起点稍前于胸鳍基部。臀鳍 2 个。尾鳍稍凹入。胸鳍浅黄色，其他鳍均灰色。各鳍均无硬棘。
主要分布：分布于我国渤海、黄海，白令海峡、美国北太平洋海域也有分布。
照片来源：黄河三角洲地区邻近海域

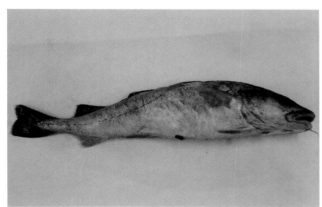 

黄鮟鱇　*Lophius litulon*

中文种名：黄鮟鱇
拉丁种名：*Lophius litulon*
分类地位：脊索动物门 / 辐鳍鱼纲 / 鮟鱇目 / 鮟鱇科 / 黄鮟鱇属
识别特征：体前半部平扁宽阔，呈圆盘状，向后细尖，至尾部柱形，体柔软，表皮平滑。无鳞。体背面黄褐色，具不规则的深棕色网纹，腹面白色，口腔淡白色或微暗色。头大，平扁。口宽大，口内有黑白色斑纹。下颌有可倒伏尖齿 1 ~ 2 行。头、鳃盖部及全身边缘具皮质硬突起。第 1 背鳍由 6 根独立的鳍棘组成，前 3 根鳍棘细长，后 3 根鳍棘细短；第 2 鳍棘最长；前 2 根鳍棘位于吻背部，顶端具皮质穗。第 2 背鳍与臀鳍位于尾部。胸鳍宽，侧位，圆形，基部臂状。腹鳍短小，喉位。尾鳍圆截形。鳍均黑色。
主要分布：分布于我国渤海、黄海、东海、朝鲜半岛、日本等西北太平洋海域以及印度洋海域均有分布。
照片来源：黄河三角洲地区邻近海域

鮻 *Liza haematocheilus*

中文种名：鮻

拉丁种名：*Liza haematocheilus*

分类地位：脊索动物门 / 辐鳍鱼纲 / 鲻形目 / 鲻科 / 鮻属

识别特征：体长梭形，前端扁平，尾部侧扁。除吻部外，全身被鳞，鳞中等大。无侧线。头、背部深灰绿色，体两侧灰色，腹部白色。头短宽，前端扁平。吻短钝。口亚下位，人字形。眼较小，稍带红色，脂眼睑不发达，仅存在于眼边缘。上颌略长于下颌，上颌中央有一缺刻，上颌骨后端外露，急剧下弯。背鳍两个，第 1 背鳍短小，由 4 根硬棘组成，位于体正中稍前，第 2 背鳍在体后部，与臀鳍相对。胸鳍高位，贴近鳃盖后缘，无腋鳞。尾鳍分叉浅，微凹形。鳍均灰白色。

主要分布：分布于我国渤海、黄海、东海、南海，朝鲜半岛、日本等西北太平洋海域均有分布。

照片来源：黄河三角洲地区邻近海域

尖嘴柱颌针鱼 *Strongylura anastomella*

中文种名：尖嘴柱颌针鱼

拉丁种名：*Strongylura anastomella*

分类地位：脊索动物门 / 辐鳍鱼纲 / 颌针鱼目 / 颌针鱼科 / 柱颌针鱼属

识别特征：体细长，侧扁，横断面椭圆形。体长为头长的 2.4 ~ 3.4 倍。尾部逐渐向后变细，尾柄侧扁，宽小于高，无侧皮褶。鳞小，排列不规则。侧线下位，沿腹缘向后延伸，至尾柄部上升到尾柄中部。体背面蓝绿色，体侧及腹部银白色。体背面中央有 1 条暗绿色纵带，直达尾鳍前；带的两旁有两条与其平行的暗绿色细带。吻长。上、下颌长针状，下颌稍长于上颌，颌齿多。鳃盖被鳞。背鳍 1 个，位于体后部，始于臀鳍鳍条上方，前部鳍条较长。胸鳍较小。臀鳍位于体后部，前部鳍条较长。尾鳍叉形，下叶稍长于上叶，基底无黑斑。胸鳍与腹鳍之尖端、背鳍与臀鳍的后缘及尾鳍末端呈淡黑色。骨骼翠绿色。

主要分布：分布于我国渤海、黄海、东海、南海，日本等西北太平洋海域也有分布。

照片来源：黄河三角洲地区邻近海域

日本下鱵鱼 *Hyporhamphus sajori*

中文种名： 日本下鱵鱼
拉丁种名： *Hyporhamphus sajori*
分类地位： 脊索动物门 / 辐鳍鱼纲 / 颌针鱼目 / 鱵科 / 下鱵鱼属
识别特征： 体细长，略呈圆柱形，背缘、腹缘微隆起，近腹部变窄。体被圆鳞。侧线下位，近腹缘。体背面青绿色，腹部银白色，体侧各具一银灰色纵带。头顶部及上、下颌呈黑色。头较长。眼中等大，圆形。口较小。上颌显著小于下颌。上颌三角形薄片，高大于底边，长短于头长，中央具一稍隆起线，下颌延长呈扁平针状喙，前端一红点。背鳍1个，与臀鳍相对，且形状相似。胸鳍短。腹鳍小。尾鳍叉形。
主要分布： 分布于我国渤海、黄海、东海，朝鲜、日本等西北太平洋海域也有分布。
照片来源： 黄河三角洲地区邻近海域

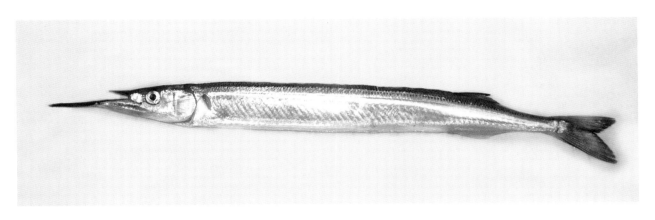

日本海马 *Hippocampus japonicus*

中文种名： 日本海马
拉丁种名： *Hippocampus japonicus*
分类地位： 脊索动物门 / 辐鳍鱼纲 / 刺鱼目 / 海龙科 / 海马属
识别特征： 体侧扁，背部隆起，腹部凸，尾部向后渐细，四棱形，常卷曲，身体隆起嵴上瘤突低而钝，全身为骨环所包。体浅褐色，常有不规则横带。头部弯曲，马头状，头与体轴略呈直角。顶冠低，顶端无棘。吻管状，吻背后端中央有小突起。口小，端位。背鳍1个，基底长，位于最后2体节及第1尾节上。无腹鳍和尾鳍。雄鱼尾部腹面具孵卵囊。
主要分布： 分布于我国渤海、黄海、东海、南海，日本、越南等西太平洋海域也有分布。
照片来源： 黄河三角洲地区邻近海域

尖海龙 *Syngnathus acus*

中文种名： 尖海龙

拉丁种名： *Syngnathus acus*

分类地位： 脊索动物门 / 辐鳍鱼纲 / 刺鱼目 / 海龙科 / 海龙属

识别特征： 体细长，被有环状骨板，躯干中棱与尾上棱相连，尾部长为躯干长的 2 ~ 2.5 倍。无鳞，体由骨质环包围，骨环面光滑，有明显丝状纹。体淡绿色至深褐色，具不规则深色斑纹。头与体轴在同一直线上。吻长管状。口小，位于吻端。鳃盖上线状嵴短小，仅在基部 1/3 处。背鳍 1 个，位于躯干末环至第 9 尾环。胸鳍发达，短而宽。臀鳍很小，位于肛门后方。尾鳍短小，扇状。雄鱼尾部腹面有 2 片皮褶形成的育儿囊。

主要分布： 分布于我国渤海、黄海、东海、南海，印度洋、太平洋、东大西洋、地中海海域也有分布。

照片来源： 黄河三角洲地区邻近海域

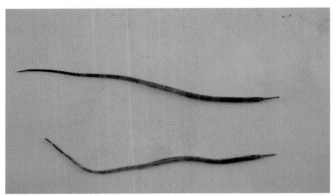 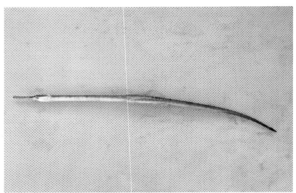

许氏平鲉 *Sebastes schlegeli*

中文种名： 许氏平鲉

拉丁种名： *Sebastes schlegeli*

分类地位： 脊索动物门 / 辐鳍鱼纲 / 鲉形目 / 鲉科 / 平鲉属

识别特征： 体延长，侧扁。鳞中等大，栉状，眼上下方、胸鳍基及眼侧具小圆鳞。侧线稍弯曲，前端有 3 尖棘。体灰褐色，腹面灰白色，背侧头后、背鳍鳍棘部、臀鳍鳍条部以及尾柄处各有一暗色不规则横纹，体侧具不规则小黑斑，眼后下缘有 3 条暗色斜纹，顶棱前后有 2 条横纹，上颌后部有一黑纹。头、背部棘棱突出不明显，前鳃盖骨边缘具 5 棘，眶前骨有 3 尖棘。眼间隔约等于眼径。口大，斜裂。下颌较长。背鳍连续，始于鳃孔上方，鳍棘发达，鳍棘部与鳍条部之间有一缺刻。胸鳍圆形，下侧位。腹鳍胸位，始于胸鳍基底下方，后端胸鳍后端近齐平。臀鳍位于背鳍鳍条部下方。尾鳍截形。鳍均灰黑色，胸鳍、尾鳍及背鳍鳍条部常具小黑斑。

主要分布： 分布于我国渤海、黄海、东海，朝鲜半岛、日本等西北太平洋海域也有分布。

照片来源： 黄河三角洲地区邻近海域

汤氏平鲉 *Sebastes thompsoni*

中文种名：汤氏平鲉
拉丁种名：*Sebastes thompsoni*
分类地位：脊索动物门 / 辐鳍鱼纲 / 鲉形目 / 鲉科 / 平鲉属
识别特征：体延长，侧扁。体被栉鳞，上、下颌和鳃盖条密具小鳞。侧线明显。体红褐色，腹面灰白色，体上半侧有黑褐色云雾状斑纹，鳍浅红色，眼有黄色光泽。头部有棘棱。口大，斜裂。下颌较长。第 2 眶下骨后端尖细，远离前鳃盖骨。前鳃盖骨边缘具 5 棘，鳃盖骨 2 棘。背鳍连续，始于鳃孔上方，鳍棘发达，鳍棘部与鳍条部之间有一缺刻。胸鳍圆形，下侧位。腹鳍胸位，始于胸鳍基底下方，后端与胸鳍后端近齐平。臀鳍位于背鳍鳍条部下方。尾鳍截形。
主要分布：分布于我国渤海、黄海、东海，朝鲜半岛、日本等西北太平洋海域也有分布。
照片来源：黄河三角洲地区邻近海域

绿鳍鱼 *Chelidonichthys kumu*

中文种名：绿鳍鱼
拉丁种名：*Chelidonichthys kumu*
分类地位：脊索动物门 / 辐鳍鱼纲 / 鲉形目 / 鲂鮄科 / 绿鳍鱼属
识别特征：体延长，稍侧扁，前部粗大，后部渐细，头部、背面与两侧均被骨板。体被小圆鳞。侧线明显。背侧面红色，腹面白色，头部及背侧面具蓝褐色网状斑纹。头大，近方形，背面较窄。吻角钝圆。前鳃盖骨和鳃盖骨各具 2 棘。眼中大，上侧位。口大，端位。上颌较长。背鳍 2 个，分离，第 1 背鳍后部近基底处具一暗色斑块，第 2 背鳍具 2 纵行暗色斑点。胸鳍长而宽、位低，下方有 3 根指状游离鳍条，胸鳍内表面深绿色，下半部有白色斑点。腹鳍胸位，灰红色。臀鳍长，无鳍棘与第 2 背鳍相对。尾鳍浅凹形，灰红色。
主要分布：分布于我国渤海、黄海、东海、南海，朝鲜半岛、日本、新西兰、南非、印度等海域也有分布。
照片来源：黄河三角洲地区邻近海域

鲬 *Platycephalus indicus*

中文种名：鲬
拉丁种名：*Platycephalus indicus*
分类地位：脊索动物门 / 辐鳍鱼纲 / 鲉形目 / 鲬科 / 鲬属
识别特征：体延长，平扁，向后渐尖，尾部稍侧扁。体被小栉鳞。侧线平直，侧中位。体黄褐色，具黑褐色斑点，腹面色浅。头平扁而宽大，头背侧具很多低平棘棱。眼上侧位，眼间隔宽凹，无眶上棱。口大，端位。下颌突出，较上颌长。上、下颌及犁骨具绒状牙群，腭骨具一纵行小牙。前鳃盖骨具 2 棘，无前向棘，鳃盖骨具一细棱，棘不显著。背鳍 2 个，相距近，鳍棘和鳍条具纵列小斑点，第 1 背鳍前后各有 1 根独立小鳍棘。胸鳍宽圆，第 4 鳍条最长。腹鳍亚胸位。臀鳍和第 2 背鳍同形相对，后部鳍膜具斑点和斑纹。尾鳍截形，上部具 4 ~ 5 条横纹，下部具 4 条纵纹。
主要分布：分布于我国渤海、黄海、东海、南海，朝鲜半岛、日本、菲律宾、印度尼西亚、大洋洲、非洲东南部、印度等海域也有分布。
照片来源：黄河三角洲地区邻近海域

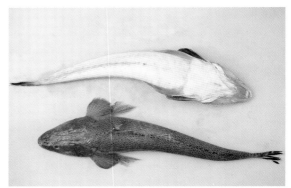

大泷六线鱼 *Hexagrammos otakii*

中文种名：大泷六线鱼
拉丁种名：*Hexagrammos otakii*
分类地位：脊索动物门 / 辐鳍鱼纲 / 鲉形目 / 六线鱼科 / 六线鱼属
识别特征：体延长而侧扁，纺锤形，背缘弧度较小，背侧中部略凹入，尾柄较粗，项背及眼后缘上角各有一向后伸出的羽状皮瓣。体被栉鳞。侧线 5 条，第 4 条很短，始于胸鳍基部下方，止于腹鳍尖端前上方。体黄褐色、暗褐色及紫褐色，体侧有大小不一、形状不规则的灰褐色较大云斑，腹面灰白色。头较小，有鳞。吻尖突。口较小，前位，微斜裂。上颌略长于下颌。眼中等大，侧上位，眼间隔宽。鳃盖骨无棘。背鳍 1 个，基底长，连续，有灰褐色云斑，鳍棘部与鳍条部间有一浅凹，浅凹处棘上方具一黑色圆斑。胸鳍黄绿色，椭圆形，较大，侧下位。腹鳍乳白色或灰黑色，较窄长，位于胸鳍基部后下方，有一棘。臀鳍浅绿色，有黑色斜纹，鳍条稍短。尾鳍截形，中部稍凹，灰褐色或黄褐色，羽状皮瓣黑色。
主要分布：分布于我国渤海、黄海、东海，朝鲜半岛、日本海域也有分布。
照片来源：黄河三角洲地区邻近海域

松江鲈 *Trachidermus fasciatus*

中文种名：松江鲈

拉丁种名：*Trachidermus fasciatus*

分类地位：脊索动物门 / 辐鳍鱼纲 / 鲉形目 / 杜父鱼科 / 松江鲈属

识别特征：体前部平扁，后侧扁而渐细，体表遍布小突起或皮褶。无鳞。体黄褐色，腹部灰白色，体侧有暗色横纹 5 ～ 6 条。头平扁，具黑斑，棘和棱均为皮肤所覆盖。口大，端位。眶下骨突和颈部有棱。前鳃盖骨具 4 个棘，上棘最大，后端向上弯曲。鳃膜有 2 条橙黄色的斜条纹。背鳍 2 个，基部相连，具黑斑。胸鳍大而圆，扇形。腹鳍胸位。尾鳍后缘稍圆。

主要分布：分布于我国渤海、黄海、东海，朝鲜半岛、日本海域也有分布。

照片来源：黄河三角洲地区邻近海域

细纹狮子鱼 *Liparis tanakae*

中文种名：细纹狮子鱼

拉丁种名：*Liparis tanakae*

分类地位：脊索动物门 / 辐鳍鱼纲 / 鲉形目 / 狮子鱼科 / 狮子鱼属

识别特征：体前部亚圆筒状，后部逐渐侧扁狭小，皮松软，有时具颗粒状小棘。无鳞。无侧线。体背侧红褐色，腹侧色淡，体长小于 15 厘米时头部有黑色细纵纹，20 厘米以上时，黑纹逐渐消失，仅存黑斑。头宽大，平扁。吻宽钝。口端位。上颌稍突出。眼小，上侧位。背鳍灰黑色，连续，鳍棘细弱。胸鳍灰黑色，基部宽大，向前伸达喉部，成鱼胸鳍下缘不凹入。腹鳍白色，胸位，愈合成吸盘。臀鳍灰黑色，稍短，与背鳍相似。尾鳍灰黑色，长圆形，前 1/2 与背臀鳍相连。

主要分布：分布于我国渤海、黄海、东海，朝鲜半岛、日本海域也有分布。

照片来源：黄河三角洲地区邻近海域

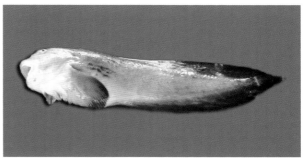

油魣 *Sphyraena pinguis*

中文种名：油魣

拉丁种名：*Sphyraena pinguis*

分类地位：脊索动物门 / 辐鳍鱼纲 / 鲈形目 / 魣科 / 魣属

识别特征：体延长，亚圆筒状。体被细小圆鳞。侧线发达，平直。背部灰褐色，腹部银白色，体侧具褐色带纹。头尖长，头背和两侧被鳞。口大，宽平。上颌骨宽大，下颌突出。前鳃盖骨后下角略呈直角。背鳍2个，间距较大，第1背鳍起点后于腹鳍起点，第2背鳍位于体后方，与臀鳍相似并相对。胸鳍低位，伸过腹鳍基底。腹鳍亚胸位。尾鳍叉形。

主要分布：分布于我国渤海、黄海、东海、南海，日本等西太平洋海域也有分布。

照片来源：黄河三角洲地区邻近海域

花鲈 *Lateolabrax maculatus*

中文种名：花鲈

拉丁种名：*Lateolabrax maculatus*

分类地位：脊索动物门 / 辐鳍鱼纲 / 鲈形目 / 鮨科 / 花鲈属

识别特征：体侧扁，长纺锤形，背腹面皆钝圆。体被小栉鳞。侧线完全，平直。体背部灰褐色，两侧及腹部银灰色，体侧上部及第1背鳍有黑色斑点，斑点随年龄的增长而减少。头中等大，略尖。吻尖。口大，端位，斜裂。上颌伸达眼后缘下方。前腮盖骨后缘有细齿，后角下缘有3根大刺。后鳃盖骨后端有1根刺。背鳍2个，基部相连，第1背鳍具12根硬刺，第2背鳍具1根硬刺和11～13根软鳍条。尾鳍浅叉形。

主要分布：分布于我国渤海、黄海、东海、南海，日本等西太平洋海域也有分布。

照片来源：黄河三角洲地区邻近海域

细条天竺鲷 *Apogon lineatus*

中文种名： 细条天竺鲷

拉丁种名： *Apogon lineatus*

分类地位： 脊索动物门 / 辐鳍鱼纲 / 鲈形目 / 天竺鲷科 / 天竺鲷属

识别特征： 体侧长椭圆形，侧扁。体被弱栉鳞，鳞较大，易脱落。侧线完全。体灰褐色，体侧有 8～11 条暗色横条纹，条纹宽小于条间隙。吻短钝。口中等大，口裂斜。眼大，间距约等于眼径。上颌骨后端伸达眼后缘下方。鳃盖骨无棘。背鳍 2 个，分离，第 1 背鳍鳍棘细弱。尾鳍圆弧形。

主要分布： 分布于我国渤海、黄海、东海、南海海域，日本海域也有分布。

照片来源： 黄河三角洲地区邻近海域

多鳞鱚 *Sillago sihama*

中文种名： 多鳞鱚

拉丁种名： *Sillago sihama*

分类地位： 脊索动物门 / 辐鳍鱼纲 / 鲈形目 / 鱚科 / 鱚属

识别特征： 体细长，稍侧扁，略呈圆柱形。体被小栉鳞。侧线明显，伸至尾鳍，侧线鳞 4～6 片。体背部灰褐色，腹部乳白色，体侧及各鳍无斑纹、斑点，背鳍、胸鳍、腹鳍及臀鳍浅灰色。头部尖长。吻钝尖。口小，前位，口裂小。前颌骨能伸缩。眼大、卵形，眼间隔被栉鳞。鳃盖骨具短棘。背鳍 2 个，分离，第 2 背鳍长并与臀鳍相对，无硬棘。腹鳍胸位。尾鳍浅凹形。

主要分布： 分布于我国渤海、黄海、东海、南海海域，日本、澳大利亚、南非等海域也有分布。

照片来源： 黄河三角洲地区邻近海域

棘头梅童鱼 *Collichthys lucidus*

中文种名：棘头梅童鱼

拉丁种名：*Collichthys lucidus*

分类地位：脊索动物门 / 辐鳍鱼纲 / 鲈形目 / 石首鱼科 / 梅童鱼属

识别特征：体侧扁，前部高，后部渐细，尾柄细长。体被薄小圆鳞，易脱落。侧线明显。体背部金黄色或灰褐色，下腹侧金黄色，腹部白色。头大而钝圆，额头突起，枕骨棘棱显著，有前、后2根棘，马鞍形，棘间有2～3根小棘。吻圆钝。背鳍棘部与鳍条部间有一凹刻，棘细弱。尾鳍尖形。

主要分布：分布于我国渤海、黄海、东海、南海海域，朝鲜半岛、日本、菲律宾等海域也有分布。

照片来源：黄河三角洲地区邻近海域

皮氏叫姑鱼 *Johnius belengerii*

中文种名：皮氏叫姑鱼

拉丁种名：*Johnius belengerii*

分类地位：脊索动物门 / 辐鳍鱼纲 / 鲈形目 / 石首鱼科 / 叫姑鱼属

识别特征：体长而侧扁，尾柄细长。体被栉鳞。侧线明显。体背侧灰褐色，腹面银白色。头部被圆鳞。吻钝圆，突出。口小，下位。颏部无须，颏下有5个小孔。背鳍较长，前部有一较深缺刻，背鳍鳍条部被多行小圆鳞，直达鳍条顶端。臀鳍第2棘粗长，鳍条部被多行小圆鳞，直达鳍条顶端。尾鳍楔形。

主要分布：分布于我国渤海、黄海、东海、南海海域，朝鲜半岛、日本、印度尼西亚、菲律宾、印度洋非洲南岸等海域也有分布。

照片来源：黄河三角洲地区邻近海域

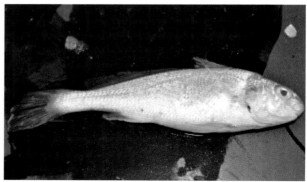

黄姑鱼 *Nibea albiflora*

中文种名：黄姑鱼

拉丁种名：*Nibea albiflora*

分类地位：脊索动物门 / 辐鳍鱼纲 / 鲈形目 / 石首鱼科 / 黄姑鱼属

识别特征：体延长，侧扁。体被栉鳞。侧线明显。体背部浅灰色，两侧浅黄色，有多条黑褐色波状细纹斜向前方。头钝尖。吻短钝、微突出。无颏须，有 5 个小孔。背鳍较长，灰褐色，鳍棘上方为黑色，鳍条基部有一灰白色纵纹。前部有一较深缺刻。胸鳍、腹鳍及臀鳍基部稍带红色。尾鳍楔形。

主要分布：分布于我国渤海、黄海、东海、南海，朝鲜半岛、日本海域也有分布。

照片来源：黄河三角洲地区邻近海域

银姑鱼 *Pennahia argentata*

中文种名：银姑鱼

拉丁种名：*Pennahia argentata*

分类地位：脊索动物门 / 辐鳍鱼纲 / 鲈形目 / 石首鱼科 / 银姑鱼属

识别特征：体延长，侧扁，椭圆形。体被栉鳞，鳞片大而疏松，颊部及鳃盖被圆鳞。侧线明显。体侧灰褐色，腹部灰白色。吻圆钝。颏孔细小，6 个或 4 个，无颏须。口中等大，口裂斜，前位。上颌与下颌等长。背鳍延长，有缺刻，鳍条部有鳞鞘。胸鳍淡黄色。臀鳍基部有鳞鞘。尾鳍楔形，淡黄色。

主要分布：分布于我国渤海、黄海、东海、南海，朝鲜半岛、日本海域也有分布。

照片来源：黄河三角洲地区邻近海域

小黄鱼 *Larimichthys polyactis*

中文种名：小黄鱼

拉丁种名：*Larimichthys polyactis*

分类地位：脊索动物门 / 辐鳍鱼纲 / 鲈形目 / 石首鱼科 / 黄鱼属

识别特征：体侧扁，尾柄细、长约为高的 2 倍。体被栉鳞，鳞较大，稀少。侧线明显。体背侧黄褐色，腹侧金黄色。头大，被栉鳞。口宽，倾斜，前位。上、下唇等长，闭口时较尖。下颌无须，额部有 6 个不明显的细孔。背鳍 2/3 以上鳍条膜被小圆鳞。臀鳍第 2 鳍棘长小于眼径，2/3 以上鳍条膜被小圆鳞。尾鳍尖长，略呈楔形。

主要分布：分布于我国渤海、黄海、东海，朝鲜半岛、日本海域也有分布。

照片来源：黄河三角洲地区邻近海域

真鲷 *Pagrus major*

中文种名：真鲷

拉丁种名：*Pagrus major*

分类地位：脊索动物门 / 辐鳍鱼纲 / 鲈形目 / 鲷科 / 真鲷属

识别特征：体侧扁，长椭圆形，头部至背鳍前隆起。体被大弱栉鳞，背部及腹面鳞较大。侧线完全。体淡红色，体侧背部散布鲜艳的蓝色斑点。头大，被紧密小细鳞。口小，前位。背鳍 1 个，基部有白色斑点。胸鳍尖长，被紧密小细鳞。尾鳍叉形，后缘墨绿色。

主要分布：分布于我国渤海、黄海、东海、南海，朝鲜半岛、日本海域也有分布。

照片来源：黄河三角洲地区邻近海域

黑棘鲷（切氏黑鲷）*Sparus macrocephalus*

中文种名：黑棘鲷（切氏黑鲷）

拉丁种名：*Sparus macrocephalus*

分类地位：脊索动物门 / 辐鳍鱼纲 / 鲈形目 / 鲷科 / 鲷属

识别特征：体侧扁，长椭圆形。体被中大弱栉鳞。侧线完全，与背缘平行。体灰黑色，侧线起点处具黑斑点，体侧常有数条黑色横带。头中等大，前端钝尖。口较小。眼中等大，侧上位，两眼之间与前鳃盖骨后下部无鳞。背鳍灰色，有硬棘 11 ～ 12 根。胸鳍黄色。腹鳍灰色，胸位。尾鳍叉形，灰色。

主要分布：分布于我国渤海、黄海、东海、南海，朝鲜半岛、日本海域等西北太平洋海域也有分布。

照片来源：黄河三角洲地区邻近海域

云鳚 *Enedrias nebulosus*

中文种名：云鳚

拉丁种名：*Enedrias nebulosus*

分类地位：脊索动物门 / 辐鳍鱼纲 / 鲈形目 / 锦鳚科 / 云鳚属

识别特征：体延长，甚侧扁，呈带状。体被小圆鳞。无侧线。体背侧淡灰褐色，腹面浅黄色，背面、体侧、背鳍和臀鳍有多块暗色云状斑，排列整齐。头短小，长约为胸鳍长的 2.5 倍。吻钝圆。口小，前位，稍斜裂。下颌略长于上颌。眼小，侧上位。背鳍 1 个，基底与背缘近等长，由鳍棘组成，棘短，末端与尾鳍基相连。胸鳍长圆形，侧下位。腹鳍退化，特短小，喉位。臀鳍基底短，始于背鳍基底近中下方，鳍条稍长，前缘有 2 根棘，末端与尾鳍基相连。尾鳍圆形，色暗。

主要分布：分布于我国渤海、黄海、东海，朝鲜半岛、日本海域也有分布。

照片来源：黄河三角洲地区邻近海域

方氏云鳚 *Enedrias fangi*

中文种名：方氏云鳚
拉丁种名：*Enedrias fangi*
分类地位：脊索动物门 / 辐鳍鱼纲 / 鲈形目 / 锦鳚科 / 云鳚属
识别特征：体延长，带状。体被小圆鳞。无侧线。成体棕褐色，腹部色淡，背上缘和背鳍有 13 条白色垂直细横纹，横纹两侧色较深，体侧有云状褐色斑块，自眼间隔至眼下有一黑色横纹，眼后顶部有 1 个 "V"形灰白色纹，其后为同形黑纹。头短小，长约为胸鳍长的 1.5 倍。吻钝圆。口小，前位，稍斜裂。下颌略长于上颌。眼小，侧上位。背鳍 1 个，棕色，基底与背缘近等长，由鳍棘组成，棘短，末端与尾鳍基相连。胸鳍棕色，长圆形，侧下位。腹鳍退化，特短小，喉位。臀鳍色浅，基底短，始于背鳍基底近中下方，鳍条稍长，前缘有 2 棘，末端与尾鳍基相连。尾鳍圆形，棕色。
主要分布：分布于我国渤海、黄海。
照片来源：黄河三角洲地区邻近海域

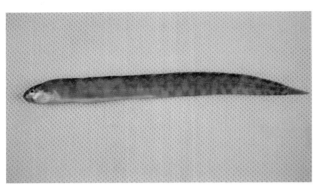

绵鳚 *Zoarces elongatus*

中文种名：绵鳚
拉丁种名：*Zoarces elongatus*
分类地位：脊索动物门 / 辐鳍鱼纲 / 鲈形目 / 绵鳚科 / 绵鳚属
识别特征：体延长，后部侧扁。体被细小圆鳞，鳞深埋于皮下。体淡黄黑色，背缘及体侧有 13～18 个纵行黑色斑块及灰褐色云状斑，背鳍第 4 至第 7 鳍条上具一黑斑。吻钝圆。眼小。口大。上颌稍突出。背鳍和臀鳍基部长，背鳍始于鳃盖边缘延至尾端与尾鳍相连。胸鳍宽圆。腹鳍小，喉位。尾鳍尖形、不分叉。
主要分布：分布于我国渤海、黄海、东海，朝鲜半岛、日本等西北太平洋海域也有分布。
照片来源：黄河三角洲地区邻近海域

注：*Zoarces elongatus* 与 *Enchelyopus elongates* 为同种异名。

日本眉鳚 *Chirolophis japonicus*

中文种名：日本眉鳚
拉丁种名：*Chirolophis japonicus*
分类地位：脊索动物门 / 辐鳍鱼纲 / 鲈形目 / 线鳚科 / 眉鳚属
识别特征：体延长，侧扁。头部、背鳍前端和侧线具皮瓣。体被细小长圆鳞，大多埋于皮下。具侧线，位于胸鳍上方，为很短的 1 行小孔。体色艳丽，有橙黄、橘红、浅棕等色，并间杂淡色区，腹部色较浅，头部下方有浅色横纹，体侧有 8 ~ 10 条褐色云状横斑，背缘和背鳍有 8 ~ 9 条黑褐色宽横纹。头小，侧扁。吻圆钝。口较小，下位，稍倾斜。下颌略长于上颌。眼较大，侧上位。背鳍 1 个，基底与背缘近等长，末端有鳍膜与尾鳍基相连。胸鳍圆形，宽大，褐色，侧下位。腹鳍小，黑色，喉位。臀鳍基底长，始于背鳍基底中前下方，臀鳍有 7 ~ 8 条黑褐色宽横斑，与体侧下方横斑相连。尾鳍圆形，有 1 ~ 2 条不规则横纹。各鳍边缘均与体色一样艳丽。
主要分布：分布于我国渤海、黄海，朝鲜半岛、日本海域也有分布。
照片来源：黄河三角洲地区邻近海域

玉筋鱼 *Ammodytes personatus*

中文种名：玉筋鱼
拉丁种名：*Ammodytes personatus*
分类地位：脊索动物门 / 辐鳍鱼纲 / 鲈形目 / 玉筋鱼科 / 玉筋鱼属
识别特征：体细长，圆柱形。体被小圆鳞。侧线高位，近背缘。体青灰色或乳白色，半透明。头长。口大，端位。下颌突出于上颌。背鳍 1 个，基底长。腹鳍小，喉位。臀鳍基底短。尾鳍小，浅分叉。
主要分布：分布于我国渤海、黄海，朝鲜半岛、日本等西太平洋海域也有分布。
照片来源：黄河三角洲地区邻近海域

绯䲗 *Callionymus beniteguri*

中文种名：绯䲗

拉丁种名：*Callionymus beniteguri*

分类地位：脊索动物门 / 辐鳍鱼纲 / 鲈形目 / 䲗科 / 䲗属

识别特征：体延长，宽而平扁，后部渐细。体表裸露无鳞。具侧线。头平扁，背面三角形。眼小，上位。前鳃盖骨棘后端向上弯曲，外侧具一向前的倒棘，上缘具4刺。第1背鳍第1至第3鳍棘呈短丝状延长，可伸到第2背鳍起点稍后方，最后鳍条分支。腹鳍喉位。臀鳍具深色斜纹，最后鳍条分支。尾鳍下部色暗，中间鳍条较长。

主要分布：分布于我国渤海、黄海、东海、南海，朝鲜半岛、日本等西北太平洋海域也有分布。

照片来源：黄河三角洲地区邻近海域

小带鱼 *Eupleurogrammus muticus*

中文种名：小带鱼

拉丁种名：*Eupleurogrammus muticus*

分类地位：脊索动物门 / 辐鳍鱼纲 / 鲈形目 / 带鱼科 / 小带鱼属

识别特征：体甚侧扁，延长呈带状，背、腹缘平直，后部渐细，尾部鞭状。体表光滑无鳞。有侧线，在胸鳍基上近平直延伸至尾端。体银白色，尾黑色，鳍均灰绿色。头狭长，侧扁，背面突起，两侧平坦。吻尖突。口大，前位，前部较平直，后部斜裂。下颌长于上颌。眼中大，侧上位。背鳍1个，基底与背缘近等长，鳍条长。胸鳍小，侧下位，鳍条上翘，下部渐短。腹鳍退化，仅存1对小片状突起。臀鳍由短分离小棘组成，棘尖外露皮外。尾鳍消失。

主要分布：分布于我国渤海、黄海、东海、南海，朝鲜半岛、日本、印度尼西亚、泰国、越南、孟加拉湾、阿拉伯湾等印度—西太平洋海域也有分布。

照片来源：黄河三角洲地区邻近海域

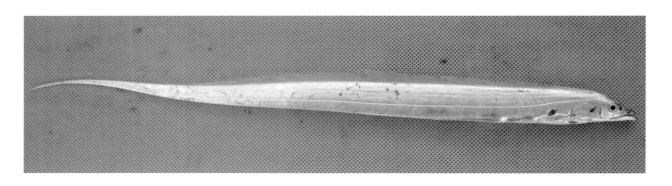

带鱼 *Trichiurus japonicus*

中文种名：带鱼
拉丁种名：*Trichiurus japonicus*
分类地位：脊索动物门 / 辐鳍鱼纲 / 鲈形目 / 带鱼科 / 带鱼属
识别特征：体侧扁，延长呈带状，背、腹缘平直，尾部细鞭状。体表光滑无鳞。侧线在胸鳍上方向后部显著下弯，沿腹线直达尾端。体银灰色，背鳍及胸鳍浅灰色，间杂细小斑点，尾部黑色。头窄长，侧扁，背面突起，两侧平坦。吻尖突。口大，前位，前部较平直，后部斜裂。下颌长于上颌。眼中大，侧上位。背鳍 1 个，基底与背缘近等长，鳍条较长。胸鳍小，侧下位，鳍条上翘，下部渐短。腹鳍退化，仅存 1 对小片状突起。臀鳍由短的分离小棘组成，棘尖外露于皮外。尾鳍消失。
主要分布：分布于我国渤海、黄海、东海、南海，朝鲜半岛、日本、印度、印度尼西亚、菲律宾、非洲东岸、红海等印度—西太平洋海域也有分布。
照片来源：黄河三角洲地区邻近海域

鲐 *Scomber japonicus*

中文种名：鲐
拉丁种名：*Scomber japonicus*
分类地位：脊索动物门 / 辐鳍鱼纲 / 鲈形目 / 鲭科 / 鲭属
识别特征：体长，侧扁，纺锤状，背、腹面皆钝圆，尾柄细，每侧有 2 条小隆起嵴。体被细小圆鳞，胸鳍基部鳞片较体侧大。侧线完全，不规则波浪状。体背部青蓝色，体侧上方有深蓝色不规则波状斑纹，头顶黑色，两侧黄褐色，腹部淡黄色。头大。吻稍长。口大，稍倾斜。眼大，脂眼睑发达，眼间距宽。背鳍 2 个，相距较远，第 2 背鳍及臀鳍后方各有 5 ~ 6 个游离小鳍。腹鳍间突小。尾鳍深叉形。背鳍、胸鳍和尾鳍灰褐色。
主要分布：分布于我国渤海、黄海、东海、南海，俄罗斯、朝鲜半岛、日本、菲律宾等西太平洋海域也有分布。
照片来源：黄河三角洲地区邻近海域

蓝点马鲛 *Scomberomorus niphonius*

中文种名：蓝点马鲛

拉丁种名：*Scomberomorus niphonius*

分类地位：脊索动物门 / 辐鳍鱼纲 / 鲈形目 / 鲭科 / 马鲛属

识别特征：体长，侧扁，纺锤状，尾柄细，每侧有 3 个隆起嵴，中央嵴长而且最高。体被细小圆鳞。侧线波浪状弯曲。体色银亮，背具暗色条纹或黑蓝斑点，体侧中央有黑色圆形斑点。头长大于体高。口大，稍倾斜。背鳍 2 个，紧连，第 1 背鳍长，第 2 背鳍短，背鳍和臀鳍后部各有 8 ～ 9 个小鳍。胸鳍、腹鳍短小无硬棘。尾鳍大，深叉形。

主要分布：分布于我国渤海、黄海、东海、南海，朝鲜半岛、日本、印度尼西亚、澳大利亚、印度等印度—西太平洋海域也有分布。

照片来源：黄河三角洲地区邻近海域

北鲳 *Pampus punctatissimus*

中文种名：北鲳

拉丁种名：*Pampus punctatissimus*

分类地位：脊索动物门 / 辐鳍鱼纲 / 鲈形目 / 鲳科 / 鲳属

识别特征：体卵圆形，高侧扁。体被小圆鳞，易脱落。侧线完全，与背缘平行。体银白色，背部较暗，微呈青灰色，胸、腹部银白色，通身具银色光泽并密布黑色细斑。头较小。吻圆钝，突出。口小，稍倾斜。下颌较上颌短。背鳍 1 个，基底长，鳍棘不发达。背鳍与臀鳍镰刀状。无腹鳍。尾鳍深叉形。

主要分布：分布于我国渤海、黄海、东海、南海，朝鲜半岛、日本等西北太平洋海域也有分布。

照片来源：黄河三角洲地区邻近海域

 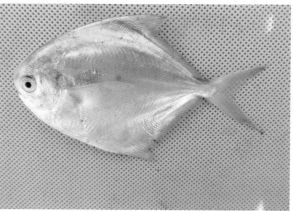

髭缟虾虎鱼 *Tridentiger barbatus*

中文种名：髭缟虾虎鱼

拉丁种名：*Tridentiger barbatus*

分类地位：脊索动物门 / 辐鳍鱼纲 / 鲈形目 / 虾虎鱼科 / 缟虾虎鱼属

识别特征：体延长，粗壮。体被中等大栉鳞，颊部和鳃盖均裸露无鳞。无侧线。体黄褐色，腹部浅色，体侧常具 5 条宽阔黑横带。头宽大，平扁，具多行小须。口宽大，前位。上、下颌等长。背鳍 2 个，分离，第 1 背鳍具 6 个鳍棘，一般具 2 条黑色斜纹，第 2 背鳍具 2 ～ 3 条暗色纵纹。胸鳍圆形。左右腹鳍愈合成吸盘，具 5 ～ 6 条暗色横纹。臀鳍灰色。尾鳍圆形，灰黑色，具 5 ～ 6 条暗色横纹。

主要分布：分布于我国渤海、黄海、东海、南海，朝鲜半岛、日本、菲律宾等西太平洋海域也有分布。

照片来源：黄河三角洲地区邻近海域

纹缟虾虎鱼 *Tridentiger trigonocephalus*

中文种名：纹缟虾虎鱼

拉丁种名：*Tridentiger trigonocephalus*

分类地位：脊索动物门 / 辐鳍鱼纲 / 鲈形目 / 虾虎鱼科 / 缟虾虎鱼属

识别特征：体前部圆筒状，后部侧扁。体被中大栉鳞，颊部及鳃盖骨无鳞。无侧线。体灰褐色，体侧自眼后至尾鳍常有 1 ～ 2 条黑褐色纵带及数条不规则横带，背鳍、尾鳍灰黑色，具白色斑点。头宽大，略平扁，无须，头侧散布白色斑点。颊部肌肉发达，隆突。吻短钝。眼中等大。口大，前位。背鳍 2 个，相距较近，第 1 背鳍具 6 根鳍棘。左右腹鳍愈合成吸盘。臀鳍具 2 条棕色纵带。尾鳍圆形，具 4 ～ 5 条横纹。

主要分布：分布于我国黄海、渤海、东海、南海，朝鲜半岛、日本海域也有分布。

照片来源：黄河三角洲地区邻近海域

长丝虾虎鱼 *Cryptocentrus filifer*

中文种名： 长丝虾虎鱼

拉丁种名： *Cryptocentrus filifer*

分类地位： 脊索动物门 / 辐鳍鱼纲 / 鲈形目 / 虾虎鱼科 / 丝虾虎鱼属

识别特征： 体延长，侧扁。体被小圆鳞，头部与项部无鳞。无侧线。体黄绿间杂红色，颊部及鳃盖具蓝色小点，体侧具 5 条暗褐色横带。头高大，侧扁。吻略短，前端钝圆，背缘高陡。眼大。口大，前位。两颌约等长。背鳍 2 个，第 1 背鳍高，具 6 根鳍棘，除最后鳍棘外，其余各鳍棘均呈丝状延长，尤以第 2 鳍棘最长，第 1 背鳍与第 1、第 2 鳍棘之间近基底处具一黑色长形眼斑，第 2 背鳍具 2 条纵行暗色斑纹。左右腹鳍愈合成吸盘。尾鳍具 6 条暗色横纹。

主要分布： 分布于我国渤海、黄海、东海、南海，朝鲜半岛、日本、印度等印度—西太平洋海域也有分布。

照片来源： 黄河三角洲地区邻近海域

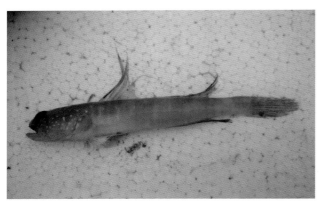

斑尾刺虾虎鱼 *Acanthogobius ommaturus*

中文种名： 斑尾刺虾虎鱼

拉丁种名： *Acanthogobius ommaturus*

分类地位： 脊索动物门 / 辐鳍鱼纲 / 鲈形目 / 虾虎鱼科 / 刺虾虎鱼属

识别特征： 体甚长，侧扁，前部亚圆筒状，后部侧扁。体被圆鳞及栉鳞，颊部及鳃盖下部被鳞。无侧线。体淡黄褐色，背侧淡褐色，头部有不规则暗色斑纹，颊部下缘色淡，中小个体体侧常具数个黑斑。头粗大，稍平扁。吻较长，圆钝。眼小，上侧位。口较大，前下位。上颌稍长于下颌，下颌部具一长方形皮突，后缘稍凹入，略呈丝状。背鳍灰黄色，2 个，分离，第 1 背鳍具 9 ~ 10 根鳍棘，后端不伸达第 2 背鳍起点，第 2 背鳍有 3 ~ 5 条纵行黑色点纹。左右腹鳍愈合成吸盘，黄色。尾鳍尖圆形，短于头长。

主要分布： 分布于我国渤海、黄海、东海、南海，朝鲜半岛、日本海域也有分布。

照片来源： 黄河三角洲地区邻近海域

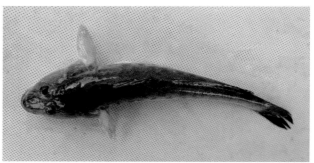

矛尾虾虎鱼　*Chaeturichthys stigmatias*

中文种名：矛尾虾虎鱼
拉丁种名：*Chaeturichthys stigmatias*
分类地位：脊索动物门 / 辐鳍鱼纲 / 鲈形目 / 虾虎鱼科 / 矛尾虾虎鱼属
识别特征：体延长，前部亚圆筒状，后部侧扁，渐细。体被圆鳞，后部鳞较大，颊部、鳃盖及项部被细小圆鳞，项部鳞片伸达眼后缘。无侧线。体黄褐色，背部具不规则暗色斑块。头大，长而稍扁。吻中长，圆钝。眼小，上侧位，间隔宽，与眼径等长。口宽大，前位，斜裂。下颌稍突出。下颚表面具 3 对触须。背鳍 2 个，分离，第 1 背鳍具 8 根鳍棘，第 5 至第 8 鳍棘间具有 1 个大黑斑，第 2 背鳍基部长，具褐色斑纹。胸鳍宽圆。左右腹鳍愈合成吸盘。尾鳍尖长，大于头长，具褐色斑纹。
主要分布：分布于我国渤海、黄海、东海、南海，朝鲜半岛、日本海域也有分布。
照片来源：黄河三角洲地区邻近海域

六丝钝尾虾虎鱼　*Amblychaeturichthys hexanema*

中文种名：六丝钝尾虾虎鱼
拉丁种名：*Amblychaeturichthys hexanema*
分类地位：脊索动物门 / 辐鳍鱼纲 / 鲈形目 / 虾虎鱼科 / 钝尾虾虎鱼属
识别特征：体延长，前部圆筒状，后部稍侧扁。体被栉鳞，头部鳞片较小，颊、鳃盖及项部均被鳞，吻部及下颌无鳞。无侧线。体黄褐色，体侧有 4 ~ 5 个暗色斑块。头部较大，宽而平扁。颊部微突。吻中长，圆钝。眼大，上侧位，间距小，中间凹入。鼻孔每侧 2 个。口大，口裂可达眼中下方。下颌突出。下颚表面具 3 对短小触须。背鳍 2 个，分离，第 1 背鳍前部边缘黑色，具 8 根鳍棘，第 2 背鳍后缘几乎伸达尾鳍基部。胸鳍尖圆形，灰色，稍长于腹鳍。左右腹鳍愈合成吸盘，灰色。臀鳍基底长，灰色。尾鳍尖长，灰色。
主要分布：分布于我国渤海、黄海、东海、南海，朝鲜半岛、日本海域也有分布。
照片来源：黄河三角洲地区邻近海域

拉氏狼牙虾虎鱼 *Odontamblyopus lacepedii*

中文种名：拉氏狼牙虾虎鱼

拉丁种名：*Odontamblyopus lacepedii*

分类地位：脊索动物门／辐鳍鱼纲／鲈形目／虾虎鱼科／狼牙虾虎鱼属

识别特征：体延长，侧扁，带状。体表裸露无鳞。无侧线。体紫红色。眼极小，退化，埋于皮下。口大，斜形。下颌及颏部向前突出，颌齿2～3行，外行齿为8～12枚尖锐弯形大齿，突出唇外，闭口时露于口外，似狼牙状。背鳍、尾鳍、臀鳍相连。背鳍具6根鳍棘。胸鳍宽长，上部鳍条游离呈丝状。

主要分布：分布于我国渤海、黄海、东海、南海，日本、菲律宾、印度尼西亚、印度等印度—西太平洋海域也有分布。

照片来源：黄河三角洲地区邻近海域

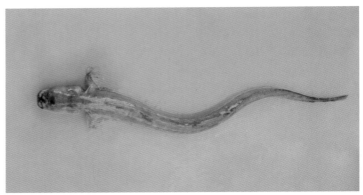

中华栉孔虾虎鱼 *Ctenotrypauchen chinensis*

中文种名：中华栉孔虾虎鱼

拉丁种名：*Ctenotrypauchen chinensis*

分类地位：脊索动物门／辐鳍鱼纲／鲈形目／虾虎鱼科／栉孔虾虎鱼属

识别特征：体延长，侧扁。体被小圆鳞，头部、项部无鳞，胸部、腹部具分散小鳞。无侧线。体淡紫红色或蓝褐色。头宽短而高，侧扁，头后中央具一纵棱嵴，幼体嵴边缘有细齿。吻短钝。眼极小，为皮肤所覆盖。口小，前位，波曲。下颌弧形突出。鳃盖上方具一凹陷。背鳍、臀鳍基部长，与尾鳍相连。背鳍具6根鳍棘。胸鳍小，中部凹入。腹鳍愈合成吸盘，后缘不完整，具深凹缺。尾鳍尖。

主要分布：分布于我国渤海、黄海、东海、南海。

照片来源：黄河三角洲地区邻近海域

小头栉孔虾虎鱼 *Ctenotrypauchen microcephalus*

中文种名：小头栉孔虾虎鱼
拉丁种名：*Ctenotrypauchen microcephalus*
分类地位：脊索动物门 / 辐鳍鱼纲 / 鲈形目 / 虾虎鱼科 / 栉孔虾虎鱼属
识别特征：体延长，侧扁。体被小圆鳞，头部、项部、胸部、腹部无鳞。无侧线。体淡紫红色或蓝褐色。头宽短，侧扁，头后中央具一纵棱脊，幼体嵴边缘有细齿。吻短钝。眼极小，为皮肤所覆盖。口小，前位，波曲。下颌弧形突出。鳃盖上方具一凹陷。背鳍及臀鳍基部长，与尾鳍相连，背鳍具 6 根鳍棘。胸鳍短小，中部凹入。腹鳍小，愈合成吸盘，后缘不完整，具深凹缺。
主要分布：分布于我国渤海、黄海、东海、南海，朝鲜半岛、日本、泰国、菲律宾、印度尼西亚、印度等印度—西太平洋海域也有分布。
照片来源：黄河三角洲地区邻近海域

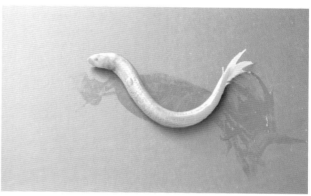

裸项蜂巢虾虎鱼 *Favonigobius gymnauchen*

中文种名：裸项蜂巢虾虎鱼
拉丁种名：*Favonigobius gymnauchen*
分类地位：脊索动物门 / 辐鳍鱼纲 / 鲈形目 / 虾虎鱼科 / 蜂巢虾虎鱼属
识别特征：体延长，前部圆筒状，后部侧扁。体被中大弱栉鳞，吻、颊及鳃盖部无鳞。无侧线。体棕褐色，腹部色浅，体侧具 4 ～ 5 个暗色斑块，每个斑块由 2 个小圆斑组成。头中等大，较尖。吻短而突出。眼中等大，背侧位。口中等大，前位。下颌突出。背鳍 2 个，分离，第 1 背鳍灰色，边缘黑色，下部暗色斑点 3 行，具 6 个鳍棘，基底短，雄鱼延长呈丝状，第 2 背鳍灰色，边缘深色，下方具暗色斑点多行。胸鳍长圆形，宽大，基部上角有 1 个黑色小斑，无游离鳍条。腹鳍愈合成吸盘，浅灰色。尾鳍钝尖，具多行黑色斑纹，基部具一分支状暗斑。
主要分布：分布于我国渤海、黄海、东海、南海，朝鲜半岛、日本海域也有分布。
照片来源：黄河三角洲地区邻近海域

普氏缰虾虎鱼 *Amoya pflaumii*

中文种名：普氏缰虾虎鱼

拉丁种名：*Amoya pflaumii*

分类地位：脊索动物门 / 辐鳍鱼纲 / 鲈形目 / 虾虎鱼科 / 缰虾虎鱼属

识别特征：体延长，侧扁。体被大栉鳞，项部具鳞，颊及鳃盖部无鳞，鳞片边缘色暗。无侧线。体灰褐色，体侧具 2 ~ 3 条褐色点状纵带，并间杂 4 ~ 5 个黑斑，鳃盖后上角有 1 个黑斑，喉部鳃盖条区有 1 条暗色斑纹。头大，侧扁。吻钝，背部倾斜。眼大，上侧位。口大，前位。下颌突出。背鳍 2 个，分离，第 1 背鳍有 1 条暗色纵纹，具 6 根鳍棘，第 5、第 6 鳍棘间暗色纵纹扩大为 1 个大黑斑。胸鳍尖形，上部无游离鳍条。腹鳍愈合成吸盘。尾鳍具数条不规则横带，基部有 1 个暗色圆斑。

主要分布：分布于我国渤海、黄海、东海、南海，朝鲜半岛、日本海域也有分布。

照片来源：黄河三角洲地区邻近海域

褐牙鲆 *Paralichthys olivaceus*

中文种名：褐牙鲆

拉丁种名：*Paralichthys olivaceus*

分类地位：脊索动物门 / 辐鳍鱼纲 / 鲽形目 / 牙鲆科 / 牙鲆属

识别特征：体侧扁，长卵圆形。有眼一侧被栉鳞，无眼一侧被圆鳞。左右侧线发达，在胸鳍上方具一弓状弯曲部，无颞上支。有眼侧深褐色并具暗色斑点，无眼侧白色。口大、斜裂。两颌等长。两眼均在左侧，眼球隆起。背鳍 1 个，始于上眼前部，有暗色斑纹。胸鳍稍小，具由暗色点组成的横条纹。腹鳍基部短、左右对称。尾鳍后缘双截形，有暗色斑纹，尾柄短而高。

主要分布：分布于我国渤海、黄海、东海、南海，俄罗斯、朝鲜半岛、日本海域也有分布。

照片来源：黄河三角洲地区邻近海域

高眼鲽 *Cleisthenes herzensteini*

中文种名： 高眼鲽

拉丁种名： *Cleisthenes herzensteini*

分类地位： 脊索动物门 / 辐鳍鱼纲 / 鲽形目 / 鲽科 / 高眼鲽属

识别特征： 体长椭圆形，侧扁，尾柄狭长。有眼侧大多被弱栉鳞或间杂圆鳞，无眼侧被圆鳞。侧线近直线状，无颞上支。有眼侧黄褐色或深褐色、无斑纹，无眼侧白色。口大，前位，两侧口裂稍不等长。两眼位于右侧，上眼位于头背缘中线。背鳍 1 个，始于无眼侧，鳍条不分支。有眼侧胸鳍较长，中间鳍条分支。腹鳍由胸鳍后部至尾部前端。尾鳍双截形。鳍灰黄色。奇鳍外缘色暗。

主要分布： 分布于我国渤海、黄海、东海，朝鲜半岛、日本、俄罗斯海域也有分布。

照片来源： 黄河三角洲地区邻近海域

钝吻黄盖鲽 *Pseudopleuronectes yokohamae*

中文种名： 钝吻黄盖鲽

拉丁种名： *Pseudopleuronectes yokohamae*

分类地位： 脊索动物门 / 辐鳍鱼纲 / 鲽形目 / 鲽科 / 黄盖鲽属

识别特征： 体卵圆形，侧扁。有眼侧被栉鳞，无眼侧被圆鳞。两侧均有侧线，在胸鳍上方具一弓状弯曲部，具短的颞上支。有眼侧深褐色，具不规则斑点，无眼侧白色。眼位于右侧。口中等大，两侧口裂不等长。背鳍由眼部至尾柄前端，具数行条纹。胸鳍 1 对，较小。腹鳍由胸鳍后部延至尾柄前端。臀鳍具数行条纹。尾鳍近截形。

主要分布： 分布于我国渤海、黄海、东海，朝鲜半岛、日本、俄罗斯海域也有分布。

照片来源： 黄河三角洲地区邻近海域

石鲽 *Kareius bicoloratus*

中文种名：石鲽

拉丁种名：*Kareius bicoloratus*

分类地位：脊索动物门 / 辐鳍鱼纲 / 鲽形目 / 鲽科 / 石鲽属

识别特征：体长椭圆形，侧扁。体表裸露无鳞，有眼侧具数行坚硬不规则骨板。侧线较直，具一短的颞上支。有眼侧黄褐色，具不规则斑点，无眼侧白色。眼位于右侧，上眼近头部边缘。头小，略扁。口较小。下颌稍突出。背鳍1个，始于上眼中部。胸鳍稍小，两侧不对称。腹鳍由胸鳍后部延至尾柄前端。尾鳍近截形。

主要分布：分布于我国渤海、黄海、东海，朝鲜半岛、日本、俄罗斯海域也有分布。

照片来源：黄河三角洲地区邻近海域

短吻红舌鳎 *Cynoglossus joyeri*

中文种名：短吻红舌鳎

拉丁种名：*Cynoglossus joyeri*

分类地位：脊索动物门 / 辐鳍鱼纲 / 鲽形目 / 舌鳎科 / 舌鳎属

识别特征：体长舌状，甚侧扁。两侧被栉鳞。有眼侧侧线3条，无眼前支，无眼侧无侧线。体左侧淡红褐色，纵鳞中央具暗纹，鳍黄色，向后渐褐色，体右侧白色。头短。吻短于眼后头长，吻钩达眼前缘。眼位于左侧，眼间隔凹窄。口歪，达眼后缘。背鳍始于吻端背缘。偶鳍只有左腹鳍且有膜与臀鳍相连，奇鳍全相连。尾鳍窄长。

主要分布：分布于我国渤海、黄海、东海、南海，朝鲜半岛、日本海域也有分布。

照片来源：黄河三角洲地区邻近海域

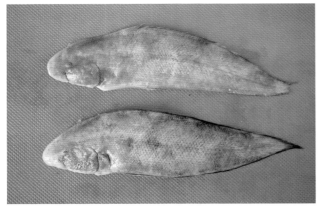

半滑舌鳎 *Cynoglossus semilaevis*

中文种名：半滑舌鳎

拉丁种名：*Cynoglossus semilaevis*

分类地位：脊索动物门 / 辐鳍鱼纲 / 鲽形目 / 舌鳎科 / 舌鳎属

识别特征：体背、腹扁平，长舌状。有眼侧被栉鳞，无眼侧被圆鳞或间杂栉鳞。有眼侧侧线 3 条，无眼前支，无眼侧无侧线。有眼侧黄褐色，边缘淡红褐色，无眼侧白色。头短。吻钩状，眼位于左侧。口歪，下位。背鳍、臀鳍与尾鳍相连，鳍条不分支。无胸鳍。有眼侧具腹鳍，以膜与臀鳍相连。尾鳍末端尖。

主要分布：分布于我国渤海、黄海、东海、南海，朝鲜半岛、日本海域也有分布。

照片来源：黄河三角洲地区邻近海域

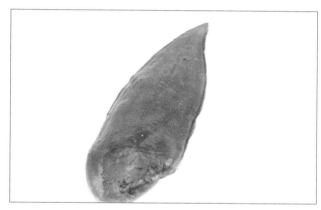

绿鳍马面鲀 *Thamnaconus modestus*

中文种名：绿鳍马面鲀

拉丁种名：*Thamnaconus modestus*

分类地位：脊索动物门 / 辐鳍鱼纲 / 鲀形目 / 单角鲀科 / 马面鲀属

识别特征：体侧扁，长椭圆形，似马面，尾柄长。体被小鳞，绒毛状。侧线消失。体蓝灰色。头短。口小，前位。牙门齿状。眼小、高位、近背缘。下颌稍突出。背鳍 2 个，第 1 背鳍始于眼中央后上方，有 2 个鳍棘，第 1 鳍棘粗大并有 3 行倒刺，第 2 背鳍绿色。胸鳍绿色。腹鳍退化成一短棘附于腰带骨，末端不能活动。臀鳍与第 2 背鳍形状相似，始于肛门后，绿色。尾鳍截形，鳍条墨绿色。

主要分布：分布于我国渤海、黄海、东海，朝鲜半岛、日本海域也有分布。

照片来源：黄河三角洲地区邻近海域

星点东方鲀 *Takifugu niphobles*

中文种名：星点东方鲀
拉丁种名：*Takifugu niphobles*
分类地位：脊索动物门 / 辐鳍鱼纲 / 鲀形目 / 鲀科 / 东方鲀属
识别特征：体延长，近圆柱形，前部粗大，后部渐细而稍侧扁，体侧下部有一纵行皮褶，背面由鼻孔后部至背鳍前、腹面由鼻孔下部至肛门前方均有小刺。无鳞。背部有大小不等的淡绿色圆斑，斑边缘黄褐色，形成网纹，体上部有数条深褐色横带。头宽而圆。吻圆钝。口小，前位，平裂。唇发达，下唇较长，两端上弯。两颌前端各有 2 枚喙状板齿。眼小，侧上位。背鳍 1 个，始于肛门后背，基底短，中部鳍条长，鳍基底部有不明显黑斑。胸鳍短宽，侧下位，近方形，上部鳍条稍长，后上方有不明显黑斑。无腹鳍。臀鳍与背鳍同形同大，基底近相对。尾鳍截形。
主要分布：分布于我国渤海、黄海、东海，朝鲜半岛、日本海域也有分布。
照片来源：黄河三角洲地区邻近海域

假睛东方鲀 *Takifugu pseudommus*

中文种名：假睛东方鲀
拉丁种名：*Takifugu pseudommus*
分类地位：脊索动物门 / 辐鳍鱼纲 / 鲀形目 / 鲀科 / 东方鲀属
识别特征：体延长，近圆柱形，前部粗大，后部渐细而稍侧扁，体侧下部有一纵行皮褶，背面由鼻孔后部至背鳍前、腹面由鼻孔下部至肛门前方均有小刺。无鳞。侧线发达，前端有分支。幼体背部青灰色，散布稀疏白色小斑或不明显浅斑，成体背部灰黑色，通常白斑消失，腹部白色，眼后上方有一不明显眉状暗斑。头宽而圆。吻圆钝。口小，前位，平裂。唇发达，下唇较长，两端上弯。两颌前端各有 2 枚喙状板齿。眼小。具背鳍 1 个，始于肛门后背，基底短，中部鳍条长，鳍后缘黑色，鳍基部下方有一圆形大黑斑，边缘有白色环。胸鳍短宽，侧下位，近方形，上部鳍条稍长，灰褐色，胸鳍后上方有一圆形大黑斑，边缘有白色环。无腹鳍。臀鳍与背鳍同形同大，基底近相对。尾鳍截形，后缘黑色。

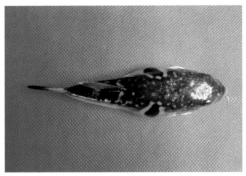

主要分布：分布于我国渤海、黄海、东海，朝鲜半岛、日本海域也有分布。
照片来源：黄河三角洲地区邻近海域

虫纹东方鲀 *Takifugu vermicularis*

中文种名：虫纹东方鲀

拉丁种名：*Takifugu vermicularis*

分类地位：脊索动物门 / 辐鳍鱼纲 / 鲀形目 / 鲀科 / 东方鲀属

识别特征：体延长，近圆柱形，前部粗大，后部渐细稍侧扁，体表光滑无刺，体侧下部有一纵行皮褶。无鳞。上半部褐色，具许多圆形或蠕虫状蓝色或白色斑纹，腹面白色，腹侧具一黄色纵纹。头宽圆。吻圆钝。口小，前位，平裂。唇发达，下唇较长，两端上弯。两颌前端各有 2 枚喙状板齿。眼小，侧上位。具背鳍 1 个，艳黄色，始于肛门后背，基底短，中部鳍条长，基部有一深褐色花斑。胸鳍艳黄色，短宽，侧下位，近方形，上部鳍条稍长，胸鳍后上方有一深褐色花斑。无腹鳍。臀鳍与背鳍同形同大，基底近相对，下缘白色。尾鳍截形，橙黄色，下缘白色。

主要分布：分布于我国渤海、黄海、东海、南海，朝鲜半岛、日本海域也有分布。

照片来源：黄河三角洲地区邻近海域

黄鳍东方鲀 *Takifugu xanthopterus*

中文种名：黄鳍东方鲀

拉丁种名：*Takifugu xanthopterus*

分类地位：脊索动物门 / 辐鳍鱼纲 / 鲀形目 / 鲀科 / 东方鲀属

识别特征：体延长，近圆柱形，前部粗大，后部渐细稍侧扁，体侧下部有一纵行皮褶，背面由鼻孔后部至背鳍前、腹面由鼻孔下部至肛门前方有小刺。无鳞。体上半部具蓝白相间的波状条纹，腹面白色。头宽圆。吻圆钝。口小，前位，平裂。唇发达，艳黄色，下唇较长，两端上弯。两颌前端各有 2 枚喙状板齿。眼小，侧上位。背鳍 1 个，始于肛门后背，基底短，中部鳍条长，基部有一蓝黑色斑块。胸鳍短宽，侧下位，近方形，上部鳍条稍长，基部有一蓝黑色斑块。无腹鳍。臀鳍与背鳍同形同大，基底近相对。尾鳍截形。各鳍均艳黄色。

主要分布：分布于我国渤海、黄海、东海、南海，朝鲜半岛、日本海域也有分布。

照片来源：黄河三角洲地区邻近海域

口虾蛄 *Oratosquilla oratoria*

中文种名：口虾蛄

拉丁种名：*Oratosquilla oratoria*

分类地位：节肢动物门／甲壳纲／口足目／虾蛄科／口虾蛄属

识别特征：体平扁，头胸甲小，仅覆盖头部和胸部前4节，后4节外露，腹部宽大，共6节；尾节宽而短，背面有中央脊，后缘具强棘。体淡黄色，具间断红色纵纹，尾部边缘具红褐色纵斑。额角略呈方形，前侧角稍圆。第1触角柄部细长，末端具3条触鞭，第2触角柄部2节有一触鞭和一长圆鳞片。胸部8对附肢，前5对颚足，后3对步足，第1对颚足细长，末节末端平截并具刷状毛，第2对颚足特别强大，呈螳臂状，指节侧扁，有6个尖齿，可与掌节边缘凹槽部分吻合，第3至第5对颚足较第1对短，末端为小螯，步足细弱无螯，雄性第3步足基部内侧有1对细长交接棒。腹部前5腹节各有1对腹肢，雄性第1对腹肢的内肢变形为执握器，最后1对腹肢为发达的片状尾肢，内侧有一强大的叉状刺突。

主要分布：分布于我国渤海、黄海、东海、南海，俄罗斯、菲律宾、马来西亚、夏威夷群岛等西太平洋海域也有分布。

照片来源：黄河三角洲地区邻近海域

中国明对虾 *Fenneropenaeus chinensis*

中文种名：中国明对虾

拉丁种名：*Fenneropenaeus chinensis*

分类地位：节肢动物门／甲壳纲／十足目／对虾科／明对虾属

识别特征：体型较大，甲壳透明，散布有棕蓝色细点，胸部及腹部肢体略带红色，尾节较短，末端甚尖，两侧无活动刺。雌体青蓝色，雄体棕黄色。额角较长，超过第1触角柄末，平直前伸，基部微突，末部稍粗，上下缘均具齿，上缘7～9枚齿，末端无齿，下缘3～5枚小齿。触角2对，第1触角触鞭较长，约为头胸甲的1.4倍，第2触角触鞭甚长，约为体长的2.5倍。头胸甲具眼眶触角沟、颈沟、额角侧沟及肝沟，无中央沟和额胃沟；具触角刺、肝刺及胃上刺，无眼上刺和颊刺；眼胃脊明显，无肝脊。腹部7节，第4至第6节背面中央具纵脊。颚足3对。步足5对，前3对钳状，具基节刺；后2对爪状，第1对具座节刺。腹肢5对，雄性第1腹肢内肢呈圆筒状交接器，雌性第4、第5对步足基部间腹甲具一圆盘状交接器。尾肢1对，末端深棕蓝色间杂红色。

主要分布：分布于我国渤海、黄海、东海、南海，朝鲜半岛、日本、越南海域也有分布。

照片来源：黄河三角洲地区邻近海域

日本囊对虾 *Marsupenaeus japonicus*

中文种名：日本囊对虾

拉丁种名：*Marsupenaeus japonicus*

分类地位：节肢动物门 / 甲壳纲 / 十足目 / 对虾科 / 囊对虾属

识别特征：体具棕蓝色相间横斑纹，雌性偏棕褐色，雄性偏青蓝色。附肢黄色，尾节较短，两侧具 3 对侧刺。额角微呈正弯弓形，上下缘均具齿，上缘具 8 ～ 12 枚齿，末端无齿，下缘 1 ～ 2 枚小齿。触角 2 对，第 1 触角触鞭短于头胸甲的 1/2，第 2 触角触鞭甚长。头胸甲具中央沟、额角侧沟，有明显的肝脊，无额胃脊。腹部 7 节，第 4 至第 6 节背面中央具纵脊。颚足 3 对。步足 5 对，前 3 对钳状，具基节刺；后 2 对爪状，第 1 对无座节刺。腹肢 5 对，雄性第 1 腹肢内肢为交接器，雌性第 4、第 5 对步足基部间腹甲具一长圆柱形交接器。尾肢 1 对，蓝色和黄色。

主要分布：分布于我国黄海、东海、南海、黄海、朝鲜半岛、日本、菲律宾、澳大利亚南非、红海、印度等印度—太平洋海域也有分布；黄河三角洲地区邻近海域主要为增殖放流种群。

照片来源：黄河三角洲地区邻近海域

周氏新对虾 *Metapenaeus joyneri*

中文种名：周氏新对虾

拉丁种名：*Metapenaeus joyneri*

分类地位：节肢动物门 / 甲壳纲 / 十足目 / 对虾科 / 新对虾属

识别特征：甲壳薄，透明，体被棕蓝色斑点，尾节具中央沟，侧缘无刺。额角较短，约为头胸甲的 1/3 或 1/2，上缘具 5 ～ 9 枚齿，末端及下缘无齿。触角 2 对，第 1 触角触鞭稍短于头胸甲，第 2 触角触鞭较长。头胸甲颈沟和肝沟明显，具触角刺、肝刺和胃上刺，无眼上刺和颊刺。腹部 7 节，第 1 至第 6 节背面中央有纵脊。颚足 3 对。步足 5 对，前 3 对钳状，具基节刺；后 2 对爪状，第 1 对无座节刺，雄性第 3 步足具棒状基节刺。腹肢 5 对，雄性交接器宽大坚硬，背腹略呈长方形，雌性生殖器官中央板被新月形侧板包围。尾肢 1 对，末端半棕褐色，边缘红色。

主要分布：分布于我国渤海、黄海、东海、南海，朝鲜半岛、日本海域也有分布。

照片来源：黄河三角洲地区邻近海域

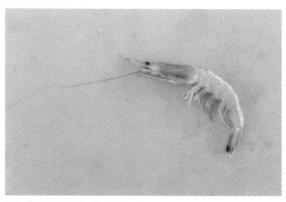

鹰爪虾 *Trachysalambria curvirostris*

中文种名：鹰爪虾

拉丁种名：*Trachysalambria curvirostris*

分类地位：节肢动物门 / 甲壳纲 / 十足目 / 对虾科 / 鹰爪虾属

识别特征：体型较粗，甲壳厚，表面粗糙不平，尾节稍长，侧缘各具 3 个活动刺。红黄色，腹部各节前缘白色。额角较短，末端略弯，约为头胸甲的 1/2，上缘具 5 ~ 7 枚齿，末端及下缘无齿。触角 2 对，第 1 触角触鞭等长，稍大于头胸甲的 1/2，第 2 触角触鞭较长。头胸甲具眼上刺，无颊刺，额角侧脊和额角后脊较长，触角脊明显，触角刺上方具甚短纵缝，眼眶触角沟及颈沟较浅，肝沟宽而深。腹部 7 节，第 2 至第 6 节背面中央具纵脊，第 6 节侧角各具一小刺。颚足 3 对。步足 5 对，前 3 对钳状，后 2 对爪状，前 2 对具基节刺，第 1 对具座节刺。腹肢 5 对，雄性交接器锚形，雌性交接器两片，前片近半圆形，后片近方形。尾肢 1 对。

主要分布：分布于我国渤海、黄海、东海、南海，朝鲜半岛、日本、菲律宾、澳大利亚、地中海、南非、红海、印度等印度—太平洋海域也有分布。

照片来源：黄河三角洲地区邻近海域

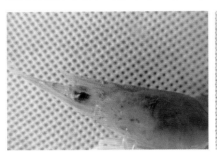  

中国毛虾 *Acetes chinensis*

中文种名：中国毛虾

拉丁种名：*Acetes chinensis*

分类地位：节肢动物门 / 软甲纲 / 十足目 / 樱虾科 / 毛虾属

识别特征：体小型，侧扁。甲壳薄，透明。额角短小，下缘斜而微曲，上缘具 2 枚齿。头胸甲具眼后刺及肝刺。眼圆形，眼柄细长。第 1 触角雌雄不同，雌性第 3 柄节较短，下鞭细而直；雄性第 3 柄节较长。步足 3 对，末端为微细钳状，第 3 对最长，第 4、第 5 对完全退化。雄性交接器位于第 1 腹肢原肢的内侧；雌性生殖板在第 3 对胸足基部之间。腹部第 6 节最长，略短于头胸甲，其长度约为高度的 2 倍。尾节甚短，末端圆形无刺，尾肢内肢基部有 1 列红色小点，数目 2 ~ 8 个。

主要分布：分布于我国渤海、黄海、东海、南海，朝鲜半岛、日本海域也有分布。

照片来源：黄河三角洲地区邻近海域

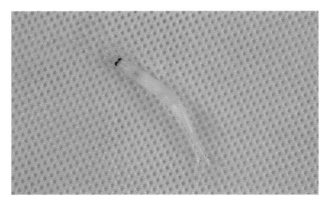 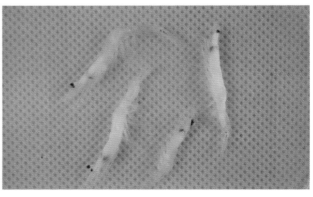

鲜明鼓虾 *Alpheus distinguendus*

中文种名：鲜明鼓虾

拉丁种名：*Alpheus distinguendus*

分类地位：节肢动物门 / 甲壳纲 / 十足目 / 鼓虾科 / 鼓虾属

识别特征：体色鲜艳，花纹明显，头胸甲具 3 个棕黄色半环状斑纹，腹部各节背面具棕黄色纵斑，第 4 节近后缘具 3 个棕黑色斑点，第 5 节具 1 个斑点，大小螯肢背面棕黄色与白色斑纹相间，腹面白色。额角细小，刺状。触角 2 对，第 1 触角柄长，上鞭较短，下鞭细长，第 2 触角鳞片外缘末端刺长。头胸甲无刺，完全覆盖两眼，额角后脊长，两侧具沟。腹部各节短圆，第 2 腹节侧甲覆盖部分第 1 腹节侧甲。尾节宽扁，舌状，末缘圆弧形，有 1 列小刺和长羽状毛，后侧角各具 2 个活动小刺，背中央具纵沟，沟两侧前后各具活动刺 1 对。颚足 3 对。步足 5 对，前 2 对钳状，后 3 对爪状，第 1 对特强大，不对称，掌部边缘无沟，无缺刻，无刺，第 2 对细小，腕节由 5 小节构成。腹肢 5 对，皆具内附肢，雄性附肢细小，棒状，末端具刺毛。尾肢 1 对，宽短，外肢外缘近末端处有一横裂痕。

主要分布：分布于我国渤海、黄海、东海，朝鲜半岛、日本海域也有分布。

照片来源：黄河三角洲地区邻近海域

日本鼓虾 *Alpheus japonicus*

中文种名：日本鼓虾

拉丁种名：*Alpheus japonicus*

分类地位：节肢动物门 / 甲壳纲 / 十足目 / 鼓虾科 / 鼓虾属

识别特征：体背面棕红色或绿褐色，头胸甲中部背面具 2 个半环状斑纹，腹部白色。额角尖小，刺状。触角 2 对，第 1 触角柄短，第 2 触角鳞片外缘末端刺长。头胸甲无刺，完全覆盖双眼，额角后脊宽短，两侧具沟。腹部各节短圆，第 2 腹节侧甲覆盖部分第 1 腹节侧甲。尾节宽而扁，舌状，末缘圆弧形，有 1 列小刺和长羽状毛，后侧角各具 2 个活动小刺，无纵沟。颚足 3 对。步足 5 对，前 2 对钳状，后 3 对爪状，第 1 对特强大，不对称，大螯细长，掌部内外缘不动指后方各具一缺刻，大螯缺刻明显深于小螯，掌外缘可动指基部背腹面各具一刺，第 2 对细小，腕节由 5 小节构成。腹肢 5 对，皆具内附肢，雄性附肢细小，棒状，末端具刺毛。尾肢 1 对，宽短，外肢外缘近末端处有一横裂。

主要分布：分布于我国渤海、黄海、东海、南海，朝鲜半岛、日本海域也有分布。

照片来源：黄河三角洲地区邻近海域

日本褐虾 *Crangon hakodatei*

中文种名：日本褐虾

拉丁种名：*Crangon hakodatei*

分类地位：节肢动物门 / 甲壳纲 / 十足目 / 褐虾科 / 褐虾属

识别特征：甲壳表面粗糙不平，具软毛，体灰褐色，满布褐色斑点，无固定花纹。额角平扁，短小，末端圆形，钥匙状。触角 2 对。头胸甲宽圆，具触角刺、肝刺、胃上刺及颊刺，颊刺尖锐突出，肝沟明显，触角刺外侧有一细纵缝。腹部圆滑无脊，第 2 腹节侧甲覆盖部分第 1 腹节侧甲，第 3 至第 5 腹节有模糊的背中央脊，第 6 腹节背面和腹面皆有沟。尾节细长，侧缘后部具 2 对小刺，末端尖细，三角形，两侧具 2 对小刺，中间有刺毛 1 对。颚足 3 对。步足 5 对，步足间腹甲上具一刺，前 2 对螯状，第 1 对步足强大，半钳状，长节内缘中部具一尖刺，第 2 步足细，钳微小，后 3 对步足爪状。腹肢 5 对，雄性第 1 腹肢的附肢短小，为一长圆形小突起，内缘有刺毛，雌性第 1 腹肢的内肢较长。尾肢 1 对，粗短。

主要分布：分布于我国渤海、黄海、东海，朝鲜半岛、日本海域也有分布。

照片来源：黄河三角洲地区邻近海域

脊尾白虾 *Exopalaemon carinicauda*

中文种名：脊尾白虾

拉丁种名：*Exopalaemon carinicauda*

分类地位：节肢动物门 / 甲壳纲 / 十足目 / 长臂虾科 / 白虾属

识别特征：体透明，微带蓝色或红色小斑点，腹部各节后缘颜色较深。额角侧扁细长，为头胸甲的 1.2 ~ 1.5 倍，基部具冠状隆起，末端稍向上扬起，上、下缘均具齿，上缘具 6 ~ 9 枚齿，末端具一附加小齿，下缘 3 ~ 6 枚齿。触角 2 对。触角刺甚小，鳃甲刺较大，上方有一明显鳃甲沟。腹部 7 节，第 3 至第 6 节背面中央有明显纵脊，第 2 腹节侧甲覆盖部分第 1 腹节侧甲。尾节背面圆滑，具 2 对活动刺。3 对颚足。步足 5 对，前 2 对螯状，第 2 步足较第 1 步足显著粗大，指节细长，大于掌节。腹肢 5 对。尾肢 1 对，粗短。

主要分布：分布于我国渤海、黄海、东海、南海，朝鲜半岛沿海也有分布。

照片来源：黄河三角洲地区邻近海域

葛氏长臂虾 *Palaemon gravieri*

中文种名： 葛氏长臂虾

拉丁种名： *Palaemon gravieri*

分类地位： 节肢动物门／甲壳纲／十足目／长臂虾科／长臂虾属

识别特征： 体半透明，略带淡黄色，全身具棕红色大斑纹，第1至第3腹节背甲与侧甲之间具浅色横斑。额角等于或稍大于头胸甲，上缘平直，末端甚细，稍向上扬起，上、下缘均具齿，上缘具11～17枚齿，末端具1～2枚附加齿，下缘具5～7枚齿。触角2对。触角刺和鳃甲刺近等大，鳃甲沟明显。腹部7节，第3至第5节背面中央有不明显纵脊，第2腹节侧甲覆盖部分第1腹节侧甲。3对颚足。步足5对，前2对螯状，第2步足较第1步足显著粗大，指节短于掌节，小部分腕节超过第2触角鳞片，可动指基部具二齿状突，不动指具一齿。腹肢5对。尾肢1对，粗短。

主要分布： 分布于我国渤海、黄海、东海，朝鲜半岛沿海也有分布。

照片来源： 黄河三角洲地区邻近海域

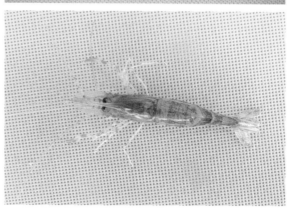

细螯虾 *Leptochela gracilis*

中文种名： 细螯虾

拉丁种名： *Leptochela gracilis*

分类地位： 节肢动物门／甲壳纲／十足目／玻璃虾科／细螯虾属

识别特征： 体透明，遍布稀疏的红色斑点，口器部分红色甚浓。额角短小侧扁，刺刀状，上、下缘均无齿。触角2对。头胸甲光滑无刺或脊。第2腹节侧甲覆盖部分第1腹节侧甲，第4、第5节具背中央脊，第6节前缘背面隆起，形成横脊，两侧腹缘后部各具一大刺，前部具2根小刺。尾节平扁，背面凹沟两侧具2对活动刺，后侧角边缘具5对活动刺。3对颚足。步足5对，前2对长，钳细长，掌、腕和长节腹缘具短刺，两指内缘具短刺毛，指末弯曲呈尖刺状，后3对指节细，末端圆形。腹肢具5对，雄性第1腹肢内肢宽大，长圆形，无内附肢，雌性第1腹肢内肢短而窄，具内附肢。尾肢1对。

主要分布： 分布于我国渤海、黄海、东海、南海，朝鲜半岛、日本、新加坡海域也有分布。

照片来源： 黄河三角洲地区邻近海域

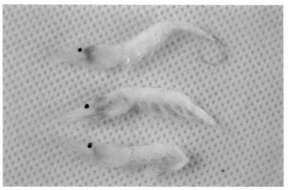

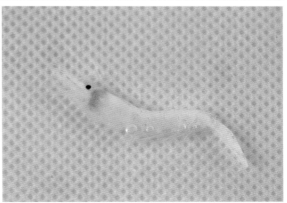

长足七腕虾 *Heptacarpus futilirostris*

中文种名：长足七腕虾

拉丁种名：*Heptacarpus futilirostris*

分类地位：节肢动物门 / 甲壳纲 / 十足目 / 藻虾科 / 七腕虾属

识别特征：头胸甲具黄褐色、青绿色相间斜斑，腹部具纵斑。额角侧扁，稍短于头胸甲，末端稍向下斜，上、下缘均具齿，上缘具 4～7 枚齿，下缘末端 2～3 枚齿。触角 2 对。具触角刺和颊刺。第 2 腹节侧甲覆盖部分第 1 腹节侧甲。尾节细长，背面通常具 4 对活动小刺，末端尖呈钝齿状，两侧具 2 对活动刺。3 对颚足，第 3 颚足不具外肢，由 4 节构成，雄性特殊粗大，长度稍大于体长，雌性较小，约为体长的 1/2。步足 5 对，前 2 对螯状，第 1 步足雄性特强大，约等于体长，雌性较小，略小于体长的 1/2，第 2 步足细长，腕节由 7 节构成，钳小，后 3 对步足指节宽短，末端双爪状，长节和掌节均具活动小刺。尾肢宽，外肢外缘近末端具一裂缝，外侧角尖刺状，刺的内侧具一活动刺。

主要分布：分布于我国渤海、黄海、东海海域，日本海域也有分布。

照片来源：黄河三角洲地区邻近海域

疣背深额虾 *Latreutes planirostris*

中文种名：疣背深额虾

拉丁种名：*Latreutes planirostris*

分类地位：节肢动物门 / 甲壳纲 / 十足目 / 藻虾科 / 深额虾属

识别特征：体棕红色与黑白色相间。额角侧扁，额角上、下缘宽，侧面略呈三角形，额角箭头状，雄性长而窄，雌性短而宽，上、下缘均具小齿，上缘具 7～15 枚齿，上缘末端具 2～3 枚小齿，下缘具 6～11 枚齿。触角 2 对。具触角刺和胃上刺，前侧角齿状，具 8～11 枚小齿，胃上刺极大，后方弯曲具脊，具明显疣状突起。腹部圆滑无脊，第 2 腹节侧甲覆盖部分第 1 腹节侧甲。尾节末端较宽，中央突出尖刺，两侧及背面各具 2 对活动刺。颚足 3 对。步足 5 对，前 2 对螯状，第 2 步足较第 1 步足细长，腕节由 3 节构成，第 3 对最长，雌性大于雄性，第 3 至第 5 对步足指节末端双爪状。腹肢具 5 对。尾肢 1 对，粗短。

主要分布：分布于我国渤海、黄海海域，日本海域也有分布。

照片来源：黄河三角洲地区邻近海域

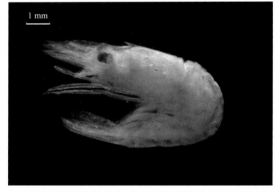
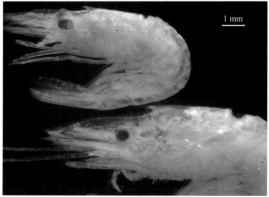

红条鞭腕虾　*Lysmata vittata*

中文种名：红条鞭腕虾
拉丁种名：*Lysmata vittata*
分类地位：节肢动物门 / 甲壳纲 / 十足目 / 藻虾科 / 鞭腕虾属
识别特征：体色鲜艳，具粗细相间的红色纵斑。额角短，后半部微向下斜，上、下缘均具齿，上缘具 7 ~ 8 枚齿，下缘具 3 ~ 5 枚齿。触角 2 对。具触角刺、颊刺和胃上刺。腹部圆滑无脊，第 2 腹节侧甲覆盖部分第 1 腹节侧甲。尾节基部宽，末端窄，中央形成一小尖刺，两侧及背面各具 2 对活动刺。颚足 3 对。步足 5 对，前 2 对螯状，第 2 步足较第 1 步足长，长节由 9 ~ 11 小节构成，腕节由 19 ~ 22 小节构成，鞭状，第 3 至第 5 对步足指节末端双爪状。腹肢 5 对。尾肢 1 对，粗短。
主要分布：分布于我国渤海、黄海、东海、南海海域，日本、菲律宾、印度尼西亚、澳大利亚海域也有分布。
照片来源：黄河三角洲地区邻近海域

哈氏和美虾　*Nihonotrypaea harmandi*

中文种名：哈氏和美虾
拉丁种名：*Nihonotrypaea harmandi*
分类地位：节肢动物门 / 甲壳纲 / 十足目 / 美人虾科 / 和美虾属
识别特征：体无色透明，甲壳厚处白色。额角不明显，仅在两眼间形成宽三角形突起，末端圆形。头胸部稍侧扁。头胸甲宽而圆，颈沟极为明显，无刺。腹部扁平，腹节光滑，第 3 至第 5 节背面后侧角各具 1 簇细毛。尾节近圆形，后缘中央具 1 根小刺。步足 5 对，前 2 对钳状，第 1 对左右不对称，长节较宽，腹缘基部具一齿状突起，腕节极宽，长宽相等，掌节与腕节长度相近，大螯指节雌雄各异，雄性大螯不动指弯曲，基部具缺刻，可动指内缘具大小 2 个突起，雌性可动指内缘微凸，无突起；第 2 步足腕节基部细；第 3 步足掌节膨大呈卵圆形；第 4 步足掌节长方形；第 5 步足掌节细长，腹缘末端突出，粗刺状，指节极短小。第 1 对腹肢无内肢，雄性短小，共两节，小短棒状，雌性细长，基肢中部弯曲，无内肢；第 2 对腹肢雄性消失，雌性细长，基肢弯曲，具细长内肢；第 3 至第 5 对腹肢双枝形，附肢宽短。尾肢宽，外肢中部具一纵脊。
主要分布：分布于我国渤海、黄海海域，日本海域也有分布。
照片来源：黄河三角洲地区邻近海域

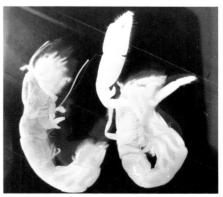

日本和美虾 *Nihonotrypaea japonica*

中文种名：日本和美虾
拉丁种名：*Nihonotrypaea japonica*
分类地位：节肢动物门／甲壳纲／十足目／美人虾科／和美虾属
识别特征：体无色透明，甲壳厚处白色。额角不明显，仅在两眼间形成宽三角形突起，末端圆形。头胸部稍侧扁。头胸甲宽而圆，颈沟极明显，无刺。腹部扁平，腹部各节光滑，第3至第5节背面后侧角各具一簇细毛。尾节近圆形，后缘中央具一小刺。步足5对，前2对钳状，第1对左右不对称，长节较宽，其腹缘基部具一齿状突起，腕节极宽，

掌节短于腕节，大螯指节雌雄各异，雄性大螯不动指甚弯曲，基部具缺刻，可动指内缘基部稍凸，无突起，雌性可动指内缘微凸，无突起；第2步足腕节基部细；第3步足掌节膨大呈卵圆形；第4步足掌节长方形；第5步足掌节细长，腹缘末端突出，粗刺状，指节短小。第1对腹肢无内肢，雄性短小，共两节，小短棒状，雌性细长，基肢中部弯曲，无内肢；第2对腹肢雄性消失，雌性细长，基肢弯曲，具细长内肢；第3至第5对腹肢双枝形，附肢宽短。尾肢甚宽，外肢中部具一纵脊。
主要分布：分布于我国渤海、黄海、东海海域，日本海域也有分布。
照片来源：黄河三角洲地区邻近海域

大蝼蛄虾 *Upogebia major*

中文种名：大蝼蛄虾
拉丁种名：*Upogebia major*
分类地位：节肢动物门／甲壳纲／十足目／蝼蛄虾科／蝼蛄虾属
识别特征：体背面浅棕蓝色，腹面白色。额区向前伸出3叶突起，额角（中叶）较大，三角形，末端稍圆，侧叶短小，与额角之间具深沟。头胸甲具明显的中央沟和侧沟，隆起面上具小颗粒状突起，额区突起较大，周围具密毛，颈沟后方光滑无毛无突起，腹缘光滑无刺，前侧缘眼柄基部上方具一尖刺。腹节背面两侧各有弯曲沟，第3至第5节侧甲上具短毛。尾节长方形。步足5对，第1对半钳状，左右对称，腕节外背缘具小刺1排，掌节背缘内、外各具1排小刺，不动指粗短而尖；第2步足与第1步足相似，但不呈钳状；第3至第5对步足细长。雄性不具第1腹肢，雌性第1腹肢单枝，细小，第2至第5对腹肢双枝，不具内附肢。尾肢内外肢宽，基肢末端具一尖刺。

主要分布：分布于我国渤海、黄海海域，俄罗斯、朝鲜半岛、日本海域也有分布。
照片来源：黄河三角洲地区邻近海域

伍氏蝼蛄虾 *Upogebia wuhsienweni*

中文种名：伍氏蝼蛄虾

拉丁种名：*Upogebia wuhsienweni*

分类地位：节肢动物门 / 甲壳纲 / 十足目 / 蝼蛄虾科 / 蝼蛄虾属

识别特征：体背面浅棕蓝色，腹面白色。额区向前伸出 3 叶突起，额角（中叶）较大，三角形，末端稍圆，侧叶短小，与额角之间具深沟。头胸甲具明显中央沟和侧沟，隆起上具小颗粒状突起，额区突起较大，周围具密毛，颈沟后方光滑无毛无突起，头胸甲腹缘具 2 ~ 4 个小刺，前侧缘自眼柄基部向后具 4 ~ 5 个尖刺。腹节背面两侧各具弯曲沟，第 3 至第 5 节侧甲上具短毛。尾节长方形。步足 5 对，第 1 对半钳状，左右对称，腕节外背缘中部具一小刺，掌节背缘具 1 排小刺，不动指粗短而尖；第 2 步足与第 1 步足相似，但不呈钳状；第 3 至第 5 对步足细长。雄性不具第 1 腹肢，雌性第 1 腹肢单枝，甚细小，第 2 至第 5 对腹肢双枝，不具内附肢。尾肢内外肢宽，基肢末端具一尖刺。

主要分布：分布于我国渤海、黄海、东海、南海海域，日本海域也有分布。

照片来源：黄河三角洲地区邻近海域

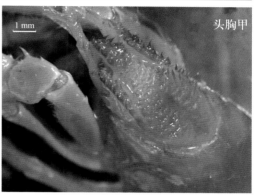

头胸甲

红线黎明蟹 *Matuta planipes*

中文种名：红线黎明蟹

拉丁种名：*Matuta planipes*

分类地位：节肢动物门 / 甲壳纲 / 十足目 / 黎明蟹科 / 黎明蟹属

识别特征：体背面浅黄绿色，头胸甲表面具红色斑点线，红线前半部形成不明显圆环，后半部为狭长纵行圈。头胸甲近圆形，背面中部有 6 列小突起，表面有细颗粒。额稍宽于眼窝，中部突出，前缘有一"V"形缺刻分成 2 小齿，前侧缘具不等大小齿，侧齿壮，末端尖。螯足粗壮，对称，长节三棱形，内、外侧光滑，有绒毛，后腹缘有 1 列小突起，

腕节外侧具不明显突起，掌节前缘有 5 枚齿，外侧上部具两纵列 7 枚突起，下部具一斜脊延伸到不动指，近基部具 1 枚锐刺及 1 枚钝齿，近后缘基部有一锐刺，腹后缘有 1 列 7 小齿及短绒毛，两指内缘有钝齿，可动指外侧面除末端外具 1 条刻纹磨脊。前 3 对步足长节后缘具齿，末对步足桨状，长节后缘无齿，边缘有密毛。雄性腹部锐三角形，雌性腹部长卵圆形。雄性第 1 腹肢钝圆，具小齿及羽状毛，第 2 腹肢瘦长，末端足形。

主要分布：分布于我国渤海、黄海、东海、南海海域，朝鲜半岛、日本、澳大利亚、印度尼西亚、新加坡、越南、泰国、印度、伊朗湾、南非等海域也有分布。

照片来源：黄河三角洲地区邻近海域

日本拟平家蟹 *Heikeopsis japonicus* (*Heikeopsis japonica*)

中文种名：日本拟平家蟹

拉丁种名：*Heikeopsis japonicus* (*Heikeopsis japonica*)

分类地位：节肢动物门 / 甲壳纲 / 十足目 / 关公蟹科 / 拟平家蟹属

识别特征：体背面赤褐色，具大疣状突和纵沟。头胸甲宽稍大于长，中等隆起，前宽后窄，表面光滑，密覆短毛。肝区较凹。前鳃区周围具深沟，中、后鳃区隆起。中胃区两侧各具一深斑点状凹陷及细沟。尾胃区小而明显。心区凸，前缘具一"V"形缺刻。额窄，由一"V"形缺刻分成2齿，具内、外眼窝齿，内眼窝齿钝，外眼窝齿三角形。螯足小，雌性对称，雄性一侧掌节膨大，长节三棱形，略弯曲。前2对步足瘦长，长节边缘具细颗粒和短毛，腕节前缘近末端具毛，后2对步足短小，位于背面，具短绒毛。腹部5节，雄性三角形，雌性长卵圆形。两侧具纵沟。尾节钝三角形。

主要分布：分布于我国渤海、黄海、东海、南海海域，朝鲜半岛、日本、越南海域也有分布。

照片来源：黄河三角洲地区邻近海域

颗粒拟关公蟹 *Paradorippe granulata*

中文种名：颗粒拟关公蟹

拉丁种名：*Paradorippe granulata*

分类地位：节肢动物门 / 甲壳纲 / 十足目 / 关公蟹科 / 拟关公蟹属

识别特征：体背面淡红色，腹面白色，除指节外全身均具密集颗粒，背面粗颗粒尤以鳃区稠密。各区隆起低，沟浅，不具颗粒。头胸甲宽稍大于长，前窄后宽。鳃区向两侧扩展，分区明显。额稍突出，密具软毛，前缘凹陷，分为2个三角形齿，内眼窝齿钝，外眼窝齿锐长。螯足小，雌性等称，雄性常不对称，背缘及外侧上部有颗粒，边缘具长毛，内侧光滑无颗粒，具短绒毛，不动指短，两指内缘具钝齿。前2对步足瘦长，长节和腕节具粗颗粒和短毛，后2对步足短小，位于背面。腹部7节，表面具颗粒和刚毛，雄性三角形，雌性长卵圆形，第6节前缘凹，两侧弧形。尾节近三角形。雄性第1腹肢基部粗壮，近中部突然收缩，末部膨胀，钝圆形，具几丁质突起，中央1枚突起较长，形如榔头，近末端两枚突起，形如指状或叶状。

主要分布：分布于我国渤海、黄海、东海、南海海域，俄罗斯、朝鲜半岛、日本海域也有分布。

照片来源：黄河三角洲地区邻近海域

隆线强蟹 *Eucrate crenata*

中文种名：隆线强蟹

拉丁种名：*Eucrate crenata*

分类地位：节肢动物门 / 甲壳纲 / 十足目 / 宽背蟹科 / 强蟹属

识别特征：体背面橘黄色，具红色小斑点，螯足掌节具斑点。头胸甲近方形，前宽后窄，表面隆起，光滑，具细小颗粒。额分为明显两叶，前缘横切，中有缺刻。眼窝大，内眼窝齿锐下弯，外眼窝齿钝三角形，前侧缘较后侧缘短，稍拱，具 3 齿。螯足光滑，右螯大于左螯，长节光滑，腕节隆起，背面后部具一丛绒毛，指节较掌节长，两指间空隙大。步足光滑，长节前缘具颗粒，覆短毛，其他各节也具短毛。雄性腹部呈锐三角形，雌性腹部呈宽三角形。

主要分布：分布于我国黄海、渤海、东海、南海海域，朝鲜、日本、泰国、印度等海域也有分布。

照片来源：黄河三角洲地区邻近海域

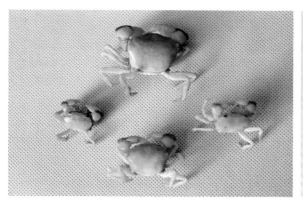 

泥脚隆背蟹 *Carcinoplax vestita*

中文种名：泥脚隆背蟹

拉丁种名：*Carcinoplax vestita*

分类地位：节肢动物门 / 甲壳纲 / 十足目 / 长脚蟹科 / 隆背蟹属

识别特征：体背面灰褐色，覆有绒毛。头胸甲宽大于长，表面前后隆起，覆有厚密绒毛。额宽，向前下方稍倾斜。眼窝背缘具微细颗粒，外眼窝齿钝，腹缘具粗糙颗粒，内眼窝齿圆钝而不突，前侧缘较后侧缘短，具 2 小齿，后侧缘直。螯足不对称，长节棱柱形，腕节内、外末角各具一刺状齿，掌节扁平，外侧面密具短毛，内侧面光秃，中部隆起，背腹缘均具较粗颗粒，指端尖锐，指间距窄，内缘具齿，可动指外侧面基半部密具短毛。步足细长，密具短毛，腕节前缘末端角状突出。雄性腹部呈三角形，雌性腹部呈长卵圆形。

主要分布：分布于我国渤海、黄海、东海海域，日本海域也有分布。

照片来源：黄河三角洲地区邻近海域

 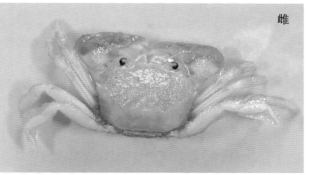

雄

雌

十一刺栗壳蟹 *Arcania undecimspinosa*

中文种名：十一刺栗壳蟹

拉丁种名：*Arcania undecimspinosa*

分类地位：节肢动物门 / 甲壳纲 / 十足目 / 玉蟹科 / 栗壳蟹属

识别特征：背面栗色。头胸甲近圆形，长稍大于宽，背面隆起，密具锐颗粒。肝区隆起，与鳃之间有 1 条纵沟，向后延伸至肠区两侧。前胃区与肝区、心区与肠区之间有沟相隔。肠区隆起，具两刺，前后排列，前小，后大，位于后缘中央。侧缘与后缘（包括肠区刺在内）各具 11 根刺，刺表面及边缘具小齿或颗粒。额缘中央有一"V"形缺刻，分成两个呈锐三角形齿，齿面密具细小泡状颗粒。眼大，圆形，近内侧具一小齿，锐齿之间上方具 1 枚下眼窝刺。螯足瘦长，长节圆柱形，微弯，密布颗粒，边缘颗粒尖锐，指节纤细，垂直张开，两指内缘具细齿。步足细长，各节均具细颗粒，指节边缘具短刚毛。腹部及胸部腹甲密具尖颗粒，雄性腹部三角形，密具细尖颗粒，雌性腹部圆形。雄性第 1 腹肢细长，微弯，基部宽，末端趋窄，后部具细颗粒和长刚毛。

主要分布：分布于我国渤海、黄海、东海、南海海域，日本、韩国、澳大利亚、泰国、印度、塞舌尔群岛等海域也有分布。

照片来源：黄河三角洲地区邻近海域

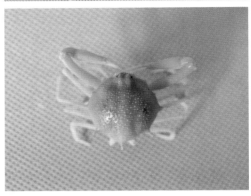

豆形拳蟹 *Philyra pisum*

中文种名：豆形拳蟹

拉丁种名：*Philyra pisum*

分类地位：节肢动物门 / 甲壳纲 / 十足目 / 玉蟹科 / 拳蟹属

识别特征：体背面灰绿色，间杂黄色，螯足及步足淡红色。头胸甲圆形，长稍大于宽，背面中部隆起，有浅沟。肝区斜面显著，侧缘有细颗粒。胃区、心区及鳃区均有颗粒群，颗粒较大或不明显，体背部后 1/3 光滑。额短，前缘中部稍凹，背面可见口前板及口腔末端，两侧角稍突出。螯足粗壮，雄性较雌性长，长节圆柱形，背面近中线有颗粒脊，近边缘密具细颗粒，两指内缘具小齿。步足瘦小，光滑，长节圆柱形，掌节前缘具光滑隆脊，后缘具细颗粒，指节披针状。腹部密具细颗粒，雄性腹部呈锐三角形，雌性腹部呈长卵圆形。雄性第 1 腹肢棒状，末端具一长指状突起，指向外上方，外侧有刚毛。

主要分布：分布于我国渤海、黄海、东海、南海海域，朝鲜、日本、印度尼西亚、菲律宾、新加坡等太平洋海域也有分布。

照片来源：黄河三角洲地区邻近海域

枯瘦突眼蟹 *Oregonia gracilis*

中文种名：枯瘦突眼蟹
拉丁种名：*Oregonia gracilis*
分类地位：节肢动物门 / 甲壳纲 / 十足目 / 突眼蟹科 / 突眼蟹属
识别特征：体浅灰褐色。头胸甲近三角形，背面隆起，具不定型的疣状突起，覆有弯曲刚毛。胃区、鳃区及心区均隆起。后胃区凹陷。下肝区突出，半球形，具疣状突起。额突出，具 2 根细长而并行的角状刺，末端左右分开。上眼窝缘斜向后侧方，后端具 2 突起，后眼窝刺长且锐，眼柄伸出。雄性螯足较步足长，雌性较步足短，长节、腕节及掌节背缘均具疣状突起，可动指内缘基部具一钝齿，不动指基部具一小齿，或无。步足圆柱形，具软毛。腹部 7 节，雄性腹部沿中线隆起，雌性腹部大，覆盖整个胸甲。
主要分布：分布于我国渤海、黄海海域，朝鲜半岛、日本等北太平洋海域也有分布。
照片来源：黄河三角洲地区邻近海域

四齿矶蟹 *Pugettia quadridens*

中文种名：四齿矶蟹
拉丁种名：*Pugettia quadridens*
分类地位：节肢动物门 / 甲壳纲 / 十足目 / 卧蜘蛛蟹科 / 矶蟹属
识别特征：体黑褐色。头胸甲近三角形，表面密布短绒毛，并具大头棒刚毛。肝区边缘向前后各伸出一齿，与后眼窝齿以凹陷相隔。侧胃区具 1 列斜行弯刚毛，中胃区甚凸，具 2 个疣状突起，前后排列。心区、肠区甚隆，球状，无疣状突起。额突起，具 2 根"V"形角状锐刺，内缘具长刚毛，背面覆有弯曲刚毛。前侧缘具 4 齿。螯足对称，雄性较雌性大，长节近长方

形，背缘具 6 个覆有刚毛的疣状突起，腹缘 3 个突起。步足具软毛，腕节背面具一凹陷，前节及指节圆柱形。腹部 7 节，雄性腹部沿中线隆起，雌性腹部大，覆盖整个胸甲。
主要分布：分布于我国渤海、黄海、东海、南海海域，朝鲜半岛、日本海域也有分布。
照片来源：黄河三角洲地区邻近海域

中华虎头蟹 *Orithyia sinica*

中文种名：中华虎头蟹
拉丁种名：*Orithyia sinica*
分类地位：节肢动物门 / 甲壳纲 / 十足目 / 虎头蟹科 / 虎头蟹属
识别特征：体褐黄色，鳃区具 1 枚紫红色乳斑，各区均有对称疣状突起，约 14 枚。头胸甲长卵圆形，长大于宽，背面隆起，密布粗颗粒，后部颗粒较细。额具 3 枚锐齿。眼窝大、深凹，上眼窝缘具 2 枚钝齿和颗粒，外眼窝齿较大，内眼窝齿粗壮。前侧缘有 2 个疣状突起，后侧缘具 3 根刺。螯足不对称，长节内缘末端具 1 根刺，背缘、外缘近末端各具 1 根刺，腕节内缘有 3 枚齿，中齿锐长，两指内缘有钝齿，基半部齿粗大。步足细长，第 4 对桨状，末两节宽扁，指节卵圆形。腹部 7 节，第 1 至第 3 节具 4 个突起，突起之间有粗颗粒。雄性腹部呈三角形，雌性腹部呈卵圆形。雄性第 1 腹肢粗壮，末端具小齿。
主要分布：分布于我国渤海、黄海、东海、南海海域，朝鲜半岛海域也有分布。
照片来源：黄河三角洲地区邻近海域

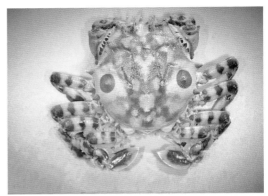
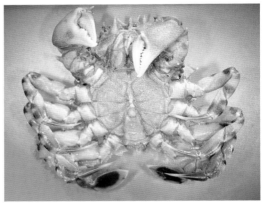

三疣梭子蟹 *Portunus trituberculatus*

中文种名：三疣梭子蟹
拉丁种名：*Portunus trituberculatus*
分类地位：节肢动物门 / 甲壳纲 / 十足目 / 梭子蟹科 / 梭子蟹属
识别特征：雄性蓝绿色，雌性深紫色。头胸甲梭形，稍隆起，表面具分散颗粒，具 3 个疣状突起。额具 2 根锐刺，额缘具 3 根刺，具内外眼窝刺，前侧缘（包括外眼窝刺）共具 9 根刺，末刺锐长，伸向两侧，后侧缘向后收敛。螯足发达，长节棱柱形，前缘具 4 根锐刺，后缘末端具 1 根刺，腕节内、外缘末端各具 1 根刺，掌节长，背面 2 隆脊前端各具 1 根刺，与腕节交接处具 1 根刺，可动指背面具 2 条隆线，不动指内外侧面中部有 1 条沟，两指内缘具钝齿。步足扁平，前 3 对爪状，第 4 对桨状，前节与指节扁平，前缘具短毛。腹部雄性第 3 至第 5 节愈合，雌性腹部宽而扁，近圆形，第 1 腹肢基部 1/5 处膨大，其他趋细，末端针形。尾节钝三角形。
主要分布：分布于我国渤海、黄海、东海、南海海域，朝鲜半岛、日本、越南、马来西亚、红海海域也有分布。
照片来源：黄河三角洲地区邻近海域

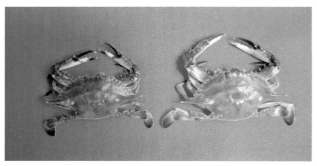
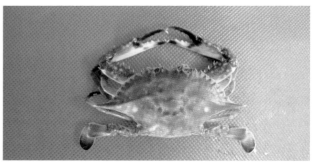

日本蟳 *Charybdis japonica*

中文种名：日本蟳
拉丁种名：*Charybdis japonica*
分类地位：节肢动物门／甲壳纲／十足目／梭子蟹科／蟳属
识别特征：体背面灰绿色或棕红色。头胸甲横卵圆形，表面隆起，幼时具绒毛，成体光滑无毛。额稍突，额缘具 6 枚齿。具内外眼窝齿，腹内眼窝角突出，齿状，前侧缘（包括外眼窝齿）具 6 枚齿，末齿最锐，指向前侧方，后侧缘向后收敛。螯足发达，不等称，长节前缘具 3 枚壮齿；腕节内末角具 1 根壮刺，外侧面 3 根小刺；掌节厚，内、外侧具 3 隆脊，背面具 5 枚齿；指节长于掌节，表面具纵沟。步足扁平，前 3 对爪状，第 4 对桨状，长节后缘近末端具一锐刺。雄性腹部呈三角形，雌性腹部宽扁，近圆形。第 1 腹肢末端细长，弯指向外方，末端具刚毛。尾节三角形。
主要分布：分布于我国渤海、黄海、东海、南海海域，朝鲜半岛、日本、马来西亚、澳大利亚、印度、红海等海域也有分布。
照片来源：黄河三角洲地区邻近海域

双斑蟳 *Charybdis bimaculata*

中文种名：双斑蟳
拉丁种名：*Charybdis bimaculata*
分类地位：节肢动物门／甲壳纲／十足目／梭子蟹科／蟳属
识别特征：体背面浅褐色，中鳃区有一黑色小斑点。头胸甲卵圆形，表面覆有浓密短绒毛和分散的低圆锥形颗粒。额稍突，额缘具 6 枚齿，第 2 枚侧齿小，几乎与内眼窝齿愈合。内眼窝齿宽大，外眼窝角叶瓣状，前侧缘具 6 枚齿，第 1 枚齿最大，末齿明显长，刺状，指向前侧方。螯足粗壮，不等称；长节前缘具 3 枚齿，后缘末端具 1 根小刺，背面后半部覆有鳞状颗粒；腕节内末角长刺状，外侧面具 3 根小刺；掌节背面具 2 条颗粒隆线，近末端各具 1 枚齿，外侧具 3 条颗粒隆线，内侧具 1 条；指节纤细，向内弯曲，内缘具大小不等壮齿，并拢时，指尖交叉。步足扁平，前 3 对爪状，第 4 对桨状，长节后缘近末端具一长刺。雄性腹部宽呈三角形，第 3 至第 5 节愈合，雌性腹部宽扁，近圆形。第 1 腹肢粗壮，末部外侧具长刺，内侧具小刺。尾节近圆锥形。
主要分布：分布于我国渤海、黄海、东海、南海海域，朝鲜半岛、日本、菲律宾、澳大利亚、印度、非洲东南岸等印度—太平洋海域也有分布。
照片来源：黄河三角洲地区邻近海域

宽身大眼蟹 *Macrophthalmus dilatatum*

中文种名：宽身大眼蟹
拉丁种名：*Macrophthalmus dilatatum*
分类地位：节肢动物门／甲壳纲／十足目／大眼蟹科／大眼蟹属
识别特征：体灰褐色。肝区与鳃区及鳃区之间各具一横沟，胃区近方形，心区横长方形。头胸甲宽约为长的2.5倍，表面具颗粒，侧缘具长刚毛，前侧缘包括外眼窝齿，共3齿，外眼窝齿与第2齿几乎合并。额窄而突出，眼窝宽，背缘具颗粒，腹缘具1列齿。眼柄细长。螯足对称，雄性长大，雌性短小；腕节内末角具2～3枚齿；掌节很长，背缘具6齿状突起，两指之间空隙大，可动指与掌节几乎垂直，内缘具不等大钝齿，不动指向内弯，内缘中部具一齿状突起。步足长节背缘具长刚毛。雄性腹部呈钝三角形，雌性腹部圆大，几乎覆盖整个胸部腹甲。
主要分布：分布于我国渤海、黄海、东海、南海海域，朝鲜半岛、日本海域也有分布。
照片来源：黄河三角洲地区邻近海域

日本大眼蟹 *Macrophthalmus japonicus*

中文种名：日本大眼蟹
拉丁种名：*Macrophthalmus japonicus*
分类地位：节肢动物门／甲壳纲／十足目／大眼蟹科／大眼蟹属
识别特征：体灰褐色。背面分区明显，鳃区有两条前后近平行浅沟，表面具颗粒，胃、心、肠区颗粒稀少，心、肠区连接呈"T"字形。头胸甲宽约为长的1.5倍，表面具颗粒及软毛。额窄，稍向下弯，表面中部有一纵痕。眼窝宽，背腹缘具锐齿，前侧缘包括外眼窝共3齿，边缘具颗粒，后侧缘具颗粒突起。眼柄细长。螯足对称，雄性长节内侧面及腹面密具短毛，两指向下弯，可动指内缘近基部具一横切形大齿，后半部具齿，不动指基半部粗，内缘具细齿。步足4对，指节扁平，前后缘具短毛，前3对长节背腹缘具颗粒及短毛，背缘近末端各具1枚齿，中间2对腕节背面具2条颗粒隆线。雄性腹部呈三角形，雌性腹部圆大。
主要分布：分布于我国渤海、黄海、东海、南海海域，朝鲜半岛、日本、新加坡、澳大利亚海域也有分布。
照片来源：黄河三角洲地区邻近海域

绒螯近方蟹 *Hemigrapsus penicillatus*

中文种名：绒螯近方蟹

拉丁种名：*Hemigrapsus penicillatus*

分类地位：节肢动物门 / 甲壳纲 / 十足目 / 弓蟹科 / 近方蟹属

识别特征：体深棕色间杂淡色斑点，螯内侧及腹面乳白色，螯足之可动指红棕色。前半部各区均具颗粒，肝区低凹，前胃及侧胃区隆起，被一纵沟分隔，前鳃区前围具 5 个凹点。头胸甲方形，前半部稍宽，表面具细凹点。额较宽，前缘中部稍凹。下眼窝脊内侧具 6 ~ 7 枚颗粒，外侧具 3 枚钝齿状突起，前侧缘具 3 齿。螯足对称，雄性较大，长节腹缘近末部具一隆脊；腕节隆起具颗粒；掌节大，外侧面具 1 颗粒隆线，近两指基部具 1 丛绒毛，两指内缘具不规则钝齿。步足 4 对，长节背缘近末端具 1 枚齿；腕节背面具 2 条颗粒隆线，前节背面具小束短刚毛，指节具 6 列短刚毛。雄性腹部呈三角形，雌性腹部呈圆形。

主要分布：分布于我国渤海、黄海、东海、南海海域，朝鲜半岛、日本海域也有分布。

照片来源：黄河三角洲地区邻近海域

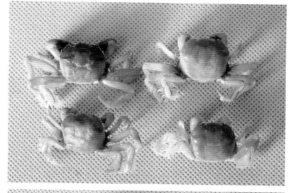
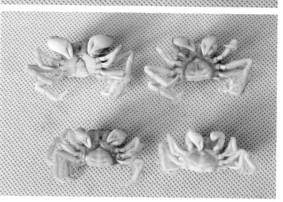

中华绒螯蟹 *Eriocheir sinensis*

中文种名：中华绒螯蟹

拉丁种名：*Eriocheir sinensis*

分类地位：节肢动物门 / 甲壳纲 / 十足目 / 弓蟹科 / 绒螯蟹属

识别特征：头胸甲背面草绿色或墨绿色，腹面灰白色。额及肝区凹降，胃区前部有 6 对称突起，均具颗粒，胃区与心区分界明显，前者周围有凹点。头胸甲近方形，后半部稍宽，背面隆起。额宽，分 4 齿。眼窝上缘近中部突出，三角形，前侧缘具 4 齿，具一隆线，后侧缘具一隆线。螯足对称，雄性较大，掌节与指节基部内外密生绒毛；腕节内末角和长节背缘近末端各具一锐刺。步足 4 对，长节背缘近末端具一锐刺；腕节与前节背缘具刚毛，后 3 对步足扁平，第 4 对前节与指节基部背腹缘密具刚毛。雄性腹部呈三角形，雌性腹部呈圆形。

主要分布：分布于我国渤海、黄海、东海、南海海域，朝鲜半岛西岸、欧洲、美洲北部沿海也有分布。

照片来源：黄河三角洲地区邻近海域

日本枪乌贼 *Loliolus japonica*

中文种名：日本枪乌贼
拉丁种名：*Loliolus japonica*
分类地位：软体动物门 / 头足纲 / 枪形目 / 枪乌贼科 / 拟枪乌贼属
识别特征：体表具大小相间浓密近圆形斑点。胴部圆锥形，后部削直，胴长约为胴宽的4倍。鳍长超过胴长的1/2，后部内弯，两鳍相接略呈纵菱形。无柄腕4对，长度不等。腕吸盘2行，吸盘角质环具7～8枚宽板齿。雄性左侧第4腕茎化，顶端吸盘特化为2行尖形突起。触腕1对，触腕穗吸盘4行，中间2行略大，边缘、顶部和基部者略小。大吸盘角质环具宽板齿约20枚，小吸盘角质环具很多大小相近的尖齿。
主要分布：分布于我国渤海、黄海、东海海域，日本、泰国海域也有分布。
照片来源：黄河三角洲地区邻近海域

双喙耳乌贼 *Sepiola birostrata*

中文种名：双喙耳乌贼
拉丁种名：*Sepiola birostrata*
分类地位：软体动物门 / 头足纲 / 乌贼目 / 耳乌贼科 / 耳乌贼属
识别特征：体小型，胴部圆袋状，胴长约为胴宽的1.4倍。除鳍与漏斗外，体表具大小不等、紫褐色斑点。肉鳍较大，近圆形，位于胴部两侧中部，状如两耳。头大，眼凸出。无柄腕4对，长度不等。雄性第3对腕特粗。各腕具吸盘2行，呈球形，角质环不具齿。雄性左侧第1腕茎化，较对应右侧腕粗而短，基部具4～5个小吸盘，前方靠外侧边缘有2个弯曲的喙状肉突。触腕1对，触腕穗膨突，短小，吸盘极小，约10余行，呈细绒状。
主要分布：分布于我国渤海、黄海、东海、南海海域，俄罗斯、日本海域也有分布。
照片来源：黄河三角洲地区邻近海域

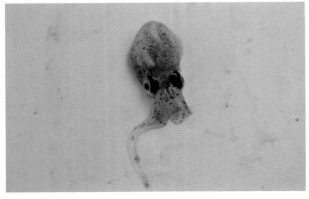
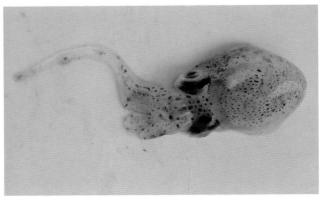

短蛸 *Octopus fangsiao*

中文种名：短蛸

拉丁种名： *Octopus fangsiao*

分类地位：软体动物门 / 头足纲 / 八腕目 / 蛸科 / 蛸属

识别特征：眼前方体表具近椭圆形的大金圈，背面两眼间有一明显近纺锤形浅色斑。胴部卵圆形。腕短，长度为胴长的 3 ~ 4 倍。腕 4 对，长度相近。腕吸盘 2 行，雄性右侧第 3 腕茎化，较对应左侧腕短，端器锥形。漏斗器呈"W"形。

主要分布：分布于我国渤海、黄海、东海、南海海域，朝鲜半岛、日本海域也有分布。

照片来源：黄河三角洲地区邻近海域

长蛸 *Octopus minor*

中文种名：长蛸

拉丁种名： *Octopus minor*

分类地位：软体动物门 / 头足纲 / 八腕目 / 蛸科 / 蛸属

识别特征：体表光滑，具极细斑点。胴部长卵形。腕长，长度为胴长的 6 ~ 7 倍。腕 4 对，长度不等，第 1 对粗长，各腕具吸盘 2 行，雄性右侧第 3 腕茎化，甚短，端器匙形，大而明显。漏斗器呈"VV"形，中间长。

主要分布：分布于我国渤海、黄海、东海、南海海域，日本海域也有分布。

照片来源：黄河三角洲地区邻近海域

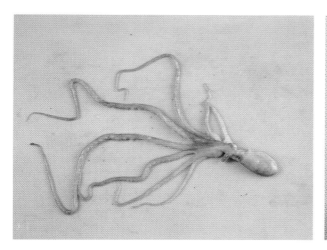 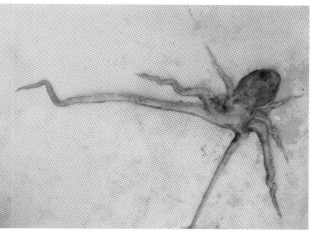

黄河三角洲地区常见海洋生物图集

黄河三角洲地区常见海洋生物图集

索 引